W0109131

«Das Heer der Koch- und Kräuterbücher ist inzwischen schier unübersehbar, wieso dann noch eins? Die allermeisten sind zudem so gut, da kann ich sowieso nicht mithalten. Daher ist es jetzt ein ganz anderes Kräuterbuch geworden, ein Buch, das unterhält und bildet! Und dabei nicht vergessen: Geschmäcker sind ganz verschieden, nicht wenige Pflanzen spucke ich schnell wieder aus. Dagegen verschmähe ich nicht die beiden Franzosenkräuter, Giersch, Knoblauchsrauke, Lauch- und sonstige Rauken-Arten. Vorgestellt wird alles chronologisch, also danach, was es im Jahr zuerst zu sehen gibt. Ab März geht es draußen schon los mit den Wildkräutern. Einige Arten wie Kubaspinat, Löwenzahn, Vogelmiere oder Wilder Feldsalat erwischt man sogar noch eher. Je früher man die Augen aufhält, umso frischer kann man die Ernte einfahren.»

Jürgen Feder, 1960 in Flensburg geboren, ist Dipl.-Ing. für Landespflege, Flora und Vegetationskunde und zählt zu den bekanntesten Experten für Botanik in Deutschland. Nach dem Abitur absolvierte er eine Ausbildung zum Landschaftsgärtner, bevor er sich dem Studium der Landespflege in Hannover widmete. Lange Zeit war er als selbständiger Landespfleger und Chef-Pflanzenkartierer tätig. Heute lebt er in Bremen.

Jürgen Feder

FEDERS KLEINE KRÄUTERKUNDE

Das Essen liegt auf der Straße

Rowohlt Taschenbuch Verlag

HAFTUNGSAUSSCHLUSS

Alle Angaben in diesem Buch wurden sorgfältig recherchiert und nach bestem Wissen und Gewissen und mit größter Sorgfalt erstellt. Der Autor und der Verlag übernehmen dennoch keine Haftung im Hinblick auf Richtigkeit, Aktualität und Vollständigkeit der zur Verfügung gestellten Informationen. Auch übernehmen Autor und Verlag keinerlei Haftung für Schäden irgendeiner Art, die direkt oder indirekt aus der Verwendung der Angaben in diesem Buch entstehen. Der Text ersetzt keinesfalls eine fachliche Beratung durch einen Arzt, weder Autor noch Verlag geben Anweisungen oder medizinischen Rat. Konsultieren Sie bei gesundheitlichen Fragen oder Beschwerden immer einen Arzt!

2. Auflage Mai 2017

Originalausgabe | Veröffentlicht im Rowohlt Taschenbuch Verlag, Reinbek bei Hamburg, April 2017 | Copyright © 2017 by Rowohlt Verlag GmbH, Reinbek bei Hamburg | Redaktion Regina Carstensen und Ulrike Gallwitz | Karte Seite 8 © Peter Palm | Umschlaggestaltung ZERO Werbeagentur, München | Umschlagabbildung Thorsten Wulff | Satz aus der Arno Post-Script, InDesign, bei Dörlemann Satz, Lemförde | Druck und Bindung GGP Media GmbH, Pößneck, Germany | ISBN 978 3 499 63220 4

Inhalt

*Viele gute Köche sind gerade
dadurch verdorben worden,
dass sie zur Kunst übergingen.*

PAUL GAUGUIN

Sylt

Flensburg

Ostsee

Fehmarn

Rügen

Nordsee

SCHLESWIG-
HOLSTEIN

Usedom

Wismar

Schönberg

MECKLENBURG-
VORPOMMERN

HAMBURG

Hamburg

Ihlower Forst

Dangast

BREMEN

Hitzacker

Lanz

Bremen

NIEDERSACHSEN

Winsen

Hannover

Potsdam

BERLIN

Lebus

SACHSEN-
ANHALT

BRANDENBURG

Poppenbeck

Bodenwerder

NORDRHEIN-WESTFALEN

Holzminden

Wettin

Dortmund

Hengsteysee

Leipzig

Zons

Edermünde

Erfurt

SACHSEN

Mondorf

Königswinter

THÜRINGEN

HESSEN

RHEINLAND-
PFALZ

Bensheim

Würzburg

Weinheim

SAARLAND

Schifferstadt

Karlsruhe

BAYERN

BADEN-
WÜRTTEMBERG

München

N

S

Bodensee

0 20 40 60 km

Vorwort

Also diese Idee, jetzt eine Art Kochbuch zu schreiben, wäre mir selbst nun wirklich nicht in den Sinn gekommen. Denn schon eine Dose Ravioli, Minifrikadellen, ein Pott Fruchtjoghurt, eine Rolle DeBeukelaer-Kekse oder nur eine harte Kruste Kastenbrot lösen bei mir wahre Begeisterungsstürme aus – es kommt nämlich immer auf den Grad des Appetits und den Ort des Gerade-Seins an. Ich gestehe hier ganz ehrlich – ich greife im September auch sofort zu den ersten Dominosteinen und Lebkuchenherzen (gefüllt müssen sie sein!), mit Freuden auch bei noch 25 Grad im Schatten. Und wer wie ich frühmorgens öfter nur zwei Bananen und einen Mars-Riegel zu fassen kriegt, der hat dann am frühen Nachmittag so richtigen Heißhunger auf drei, vier Zentimeter hohe Megastullen mit dick Wurst drauf – auf richtige Kniften, Bemmen oder, wie man im Westfälischen verniedlichend sagt, auf Bütterken. Wieso eine Stunde lang kochen, wenn ich in fünfzehn Minuten satt werden kann? In der Zeit könnte ich ja ein paar seltene Pflanzen gefunden haben, oder diese – schlimmer noch, zwar satt – verpasst haben.

Klar habe ich einen Herd, aber schon einen eigenen Garten besaß ich noch nie. Dabei esse ich für mein Leben gern und viel, das sieht man mir zwar nicht an, ist aber so! Zugegeben, ich bin fast immer bekocht worden, dafür bin ich ein begnadeter Zuschnippler, je feiner und kleiner, desto besser! Ein tolles Essen wird bei mir immer frenetisch gefeiert – und selbstverständlich restlos verspeist! Das ist wertvoller als einer der Köche zu sein, die ein Essen auch mal verderben können. Bei uns zu Hause hieß es sowieso immer: «Es wird gegessen, was auf den Tisch kommt!»

Nun also als drittes Werk ein Kräuterbuch – Küche und Feder: Zwei Welten treffen da aufeinander! Ein Experiment, eine Reise, eine große Herausforderung! Dabei weniger die Pflanzenarten an sich, sondern mehr, was die Gewächse so alles können, und sie können nicht selten unerwartet viel! Das Essen liegt tatsächlich oft auf der Straße, an Wegen, vor der Hauswand, um den Papierkorb herum – überall da, wo Menschen seit jeher wohnten und wo es die kurzen Wege waren und heute noch sind, um diese Nutz- und Heilpflanzen zu sammeln und zu verwerten. Unterwegs esse ich alles, worauf ich Lust habe – das ständige Denken an die Gesundheit (Fuchsbandwurm!) kann nämlich auch zur Krankheit werden. Ich stopfe mir das eine oder andere Grünzeug in den Mund, wobei ich die süßen Früchte eindeutig vorziehe. Schon als Kind machten meine Geschwister und ich Jagd auf Blau-, Brom- und Himbeeren. Saftige Kratzbeeren «retteten» mir in den Weiten der Dünen auf den Ostfriesischen Inseln fast das Leben, und Labsal in trocken-heißen Innenstädten im Hochsommer sind die tollen Armenischen Brombeeren.

Doch im Grunde bin ich vielmehr für den Augenschmaus – Pflanzen angucken, fotografieren, daran riechen. Dagegen abpflücken: nur gelegentlich. Wurzeln ausgraben: nie! Denn zuallererst bin ich doch Arten- und Biotopschützer, so groß ist die Not bei uns heutzutage nicht, als dass man alles verwerten müsste. Allerdings sind sehr viele unserer wertvollen Ess- und Heilpflanzen absolut häufig, viele nehmen im Bestand weiterhin zu. Viele gibt es aber auch immer seltener, wenn nicht bundesweit, so doch regional, in Norddeutschland eher als in Süddeutschland. Daher suchen Sie hier im Buch Arten wie Arznei-Thymian, Bärwurz, Großen Wiesenknopf, Guten Heinrich, Heil-Ziest oder Wiesen-Kümmel vergebens. Bei den berücksichtigten Arten Wiesen-Salbei, Wiesen-Baldrian und Weg-Warte bekomme selbst ich eher Bauchschmerzen, als dass sie mir durch Verwertung Gutes tun könnten! So sollte jeder selbst beurteilen, wie viel er wovon sammelt – ausgegrabene Pflanzen können sich ja nicht mehr fortpflanzen, auch kleine Bestände sollten daher verschont werden.

Das Heer der Koch- und Kräuterbücher ist inzwischen schier unübersehbar, wieso dann noch eins? Die allermeisten sind zudem so gut, da kann ich sowieso nicht mithalten. Daher ist es jetzt ein ganz anderes Kräuterbuch geworden, ein Buch, das unterhält und bildet – also ein Feder-Buch! Und dabei nicht vergessen: Geschmäcker sind ganz verschieden, nicht wenige Pflanzen spucke ich schnell wieder aus. Dagegen verschmähe ich nicht die beiden Franzosenkräuter, Giersch, Knoblauchsrauke, Lauch- und sonstige Rauken-Arten. Vorgestellt wird alles chronologisch, also danach, was es im Jahr zuerst zu sehen gibt. Ab März geht es draußen schon los mit den Wildkräutern. Einige Arten wie Kubaspinat, Löwenzahn, Vogelmiere oder Wilder Feldsalat erwischt man sogar noch eher. Je früher man die Augen aufhält, umso frischer kann man die Ernte einfahren. Saftiges Kraut spart stets Kaumuskeln und Speichel, ältere Pflanzenteile können schnell bitter oder extrem scharf schmecken, sie sind faserig und meist zu hart. Wertvoll sind Grund- und Stängelblätter, junge Sprosse, Knospen, Blüten, Früchte und Samen. Erlaubt ist, was gefällt, aber aus Naturschutzgebieten, in Nationalparks und im Bereich von Naturdenkmälern darf ganzjährig nichts entnommen werden, ebenso generell keine Arten der Bundesartenschutzverordnung. Es versteht sich von selbst, nur für den kleinen persönlichen Kreis zu sammeln und nicht gewerblich Tabula rasa zu veranstalten.

Ein weiterer wichtiger Grundsatz: In den Korb oder die Tüte kommt nur das, was man auch sicher kennt! So meide selbst ich den Verzehr von Bilsenkraut, Efeu, Eibe, Geflecktem Schierling, Hundspetersilie, Knollenblätterpilz oder Tollkirsche! Selbstverständlich können Sie viele Pflanzenarten fast überall in Deutschland finden und eintüten, dennoch möchte ich Sie wieder mit auf eine Reise quer durch Deutschland nehmen, auf wenig bis unbekanntes Terrain, denn Essen und Trinken ist zwar sehr wichtig, aber bekanntlich nicht alles! An den verschiedenen Stationen zwischen Flensburg und München habe ich mal mehr und mal weniger wilde Nutzpflanzen angetroffen, ab Hochsommer zunehmend auch Heilpflanzen. Wobei ich ja kein Arzt bin, die Erkenntnisse zu Heilwirkungen stammen ganz überwiegend aus der Literatur.

Ich wünsche allen Fruchtfreundinnen und Kräuterkameraden allerorten gute Funde und über das ganze Jahr hinweg den Genuss einer Vielzahl von Geschmacksrichtungen aus und in der Natur.

Euer / Ihr Jürgen Feder

Bremen

noch bei mir zu Hause

Schwerstarbeit für meine Autoscheibenwischer – heute regnet und regnet es, «gallern» nenne ich das immer. Wieso habe ich mir gerade diesen Tag zum Start meiner großen Kräutertour ausgesucht? Es ist der 15. April, und gestern, am 14. April, schien die Sonne noch gnadenlos vom strahlend blauen Himmel. Aber es soll besser werden, das hat der Wetterdienst versprochen, und ich will daran glauben. An irgendetwas muss der Mensch ja glauben.

Mein Ziel ist die Blocklanddeponie, Bremens größte Recyclingstation und der höchste Berg in der Umgebung mit bald fünfzig Metern über NN (Normalnull). Da kann man alles abgeben – Bauschutt, Dachpappen, Elektronikgeräte, Gartenabfälle, Sperrholz. Schadstoffe sicher auch, aber ich gehe mal davon aus, dass alles fachgerecht behandelt wird. Oben auf dem «Gipfel» drehen sich seit ein paar Jahren mehrere Windräder, es sieht alles fast ein wenig niedlich aus. Gestern fuhr ich schon an den Zäunen der riesigen Anlage vorbei, und was da alles wuchs, unglaublich. Ganz vieles ganz toll essbar, sozusagen von der Endstation vieler Dinge doch noch ganz frisch auf den Tisch! Sofort dachte ich, da muss ich heute auf jeden Fall hin. Und ich wäre nicht ich, würde ich nicht gerade dort mit Kräutersammeln anfangen, wo es niemand vermutet. Denn eben hier, wo sich doch niemand um die Pflanzen und Kräuter schert, gedeiht alles in Hülle und Fülle.

Fast so wie auf Mallorca. Daher komme ich gerade zurück. Acht Tage habe ich dort botanisiert, auf Einladung meines Botanik-Lehrmeisters Hannes aus Celle. Der wollte es ganz genau wissen, und jetzt weiß er es (und ich auch): 610 Arten haben wir auf der Mittelmeerinsel gefunden, sage und schreibe 311 waren völlig neu für mich. Ich hatte Hannes' Einladung angenommen, weil ich dachte, ich kann nicht nur in Niedersachsen durch die Auen und Wälder streifen, ich muss doch mal die Welt sehen. Als ob Malle bereits die Welt wäre – aber für viele Menschen ist es das wohl schon.

Immerhin haben der Hobby-Botaniker und ich jeden Abend wundervoll zusammen gegessen. Fisch und Fleisch und Eier und Speck mit vielen Kräutern. Kein Vergleich zu den ziemlich kräuterlosen Mahlzeiten, die unsere Mutter uns Kindern früher vorsetzte. Grün waren die Bohnen und Erbsen oder der Salat. Und Salat gab es mittags und dann oft noch ein weiteres Mal abends. Mein Vater hatte sich darüber beklagt, dass der Salat in der Kantine (wenn es überhaupt einen gab) so schlecht sei, und aus diesem Grund wurden wir mit Salat regelrecht vollgestopft. Endiviensalat mag mein Vater noch heute am liebsten, ich fand diese faden, durch Essig, Öl und Zwiebeln nur schlapp gewordenen Blätter irgendwann nervig. Ähnlich wie ich bis heute nicht verstehen kann, dass manche Menschen Salat und herrlich dunkelbraun gebratene Buletten, dampfendes Omelett oder auch knackige Bratwürste mit Pommes parallel essen können. Meine Freundin Steffi hat da kein Problem mit, ich dagegen esse das Warme immer zuerst, danach erst kommt der Salat, sozusagen als Dessert. Eigentlich handhabe ich das ja wie ein Feinschmecker (Gourmet passt nun wirklich nicht zu mir), also nicht «insieme» (zusammen), sondern «al piatti» («nach Gängen» und nicht etwa «auf Platte»). Außer es ist Kartoffelsalat, da passt das dann zusammen.

Soll ich jetzt einen Regenschirm aufspannen oder nicht?, frage ich mich, als ich an der Deponie geparkt habe. Drei Stück davon liegen im Auto herum, einer liederlicher als der andere! Aber so verweichlicht bin ich dann doch nicht, auch wenn ich langsam in die Jahre komme … Ich mag keine Regenschirme, ebenso keine

Rucksäcke – die machen unfrei, ich kann mich nicht so gut spontan bewegen, hinknien, fotografieren, mich zwischen Gebüsche zwängen, über etwas springen, auch mal losrennen. Also, los geht's, aber heute eindeutig «oben ohne».

Noch gar nicht richtig orientiert, fällt mir direkt am Straßenrand das **Gewöhnliche Hirtentäschel** (*Capsella bursa-pastoris*) ins Auge, schon jetzt mit seinen vielen kleinen weißen Blüten. Es ist eine bis 80 Zentimeter hoch wachsende häufige Würz- und Heilpflanze, alles an ihr lässt sich verwenden, wenn man denn will. Blätter, Blüten, Wurzeln, Fruchtschoten und Samen. Im unteren Bereich sieht sie durch die Rosettenblätter vielleicht ein bisschen fransig aus, aber oben herum ist alles prima. Ich probiere die jungen Triebe: Sie schmecken mild. Ein bisschen wie Rucola und Kresse zusammen. Lecker. Richtig gut. Ich kann mir vorstellen, dass man diesen Geschmack eine Woche lang in Salaten ertragen kann, was man von einigen anderen Kräutern nicht behaupten kann – die schmecken zu intensiv und oft auch sehr bitter.

Die Indianer in Nordamerika pulverisierten das Hirtentäschel, in dieser Form sollte es gegen Kopfschmerzen helfen, in Bolivien trinken werdende Mütter einen Tee aus getrockneten Blättern, damit die Geburt besser verläuft, in Spanien wird es gegen Blasenentzündungen eingesetzt. Im Ersten Weltkrieg hatte man für das Kraut noch eine weitere Verwendung: Man benutzte es bei verwundeten Soldaten zur Blutstillung. Schon der altgriechische Arzt Hippokrates empfahl Hirtentäschel, und zwar verordnete er es, um Gebärmutterblutungen zu stillen. Die Blätter kann man – ganz ohne medizinischen Hintergedanken – wie Spinat dämpfen, die geriebenen Samen sind ein perfekter Pfefferersatz. Mit diesem Gewächs ist also eine Menge los.

Gleich daneben wuchert das nicht minder häufige, sogar hemmungslos weiter zunehmende **Behaarte Schaumkraut** (*Cardamine hirsuta*), es wird höchstens 35 Zentimeter hoch, hat aber bis zu vier Blütezeiten im Jahr. Das ist fast unheimlich. Wie beim Hirtentäschel kann man am Schaumkraut auch alles wegputzen: Blüten, Blätter, die jungen länglichen Schoten sowie die Sprossen. Ich mag den Kressegeschmack (der Gattungsname *Cardamine* kommt aus dem Griechischen von *kárdamon* = Kresse), das ist wahrlich eine richtig scharfe Angelegenheit. Gern lege ich alle Krautteile einfach so aufs Butterbrot, aber auch ins Rührei habe ich sie schon öfter hineingeschnippelt oder in Nudeln, die sonst langweilig daherkamen (so weit können Sie meinen Kochkünsten schon vertrauen …). Vorstellbar sind ebenso Aufläufe oder Kräuterquark zu Kartoffeln. Die Pflanze wirkt verdauungsfördernd und hilft bei rheumatischen Beschwerden. Ein Inhaltsstoff hat es besonders in sich, das sind die Senfölglykoside. Sie machen Bakterien das Leben schwer. Wer ein paar Blätter vor der beginnenden Erkältungszeit im Herbst in die Backentaschen schiebt, kann Entzündungen im Hals- und Rachenraum vorbeugen. Ist der Husten schon da, tötet ein Pflanzenextrakt die Keime ab.

Nur ein Schritt weiter in meinen langsam ziemlich nassen Schuhen (der Regen hat immerhin inzwischen aufgehört, manchmal lohnt es sich zu glauben, aber das wilde Grün trieft noch) treffe ich auf eine alte Bekannte, die fünf bis 40 Zentimeter hohe **Acker-Schmalwand** (*Arabidopsis thaliana*). Sie schafft es nur zu zwei Blütezeiten im Jahr und stellt im Grunde nichts dar, der Name ist hier schon Programm. Sie ist die graue, ähm, weiße Maus unter den Pflanzen, denn sie gedeiht häufig in Laboren, da sehr pflegeleicht. Zudem kann man viele Mutanten von ihr züchten, und eine einzige Pflanze produziert bis zu 10 000 Samen, die zum Entschlüsseln von pflanzlichen Genen erforscht werden. Aber die Acker-Schmalwand ist auch essbar, und zwar wiederum komplett. Sie schmeckt nach Kohl, im Abgang ein wenig nach Senf. Rettich kann man ebenfalls herausfuttern, dabei hilft die Kraft der Imagination. Wer ihr Image ein bisschen aufpolieren will, kann die Acker-Schmalwand in Soßen, zu Gemüse oder in Salate geben. Sie haben dann zwar noch lange kein Gourmetgericht, aber normalsterbliche Feinschmecker werden sofort eine interessante Note entdecken. Hauptsammelzeit für die Acker-Schmalwand – letztlich für alle Kräuter – sind April und Mai.

«Hey, was machen Sie denn da? Wollen Sie Müll abladen?»

Ein kräftiger Hüne im blauen Overall und weißem Schutzhelm auf dem Kopf schreitet auf den Zaun zu. Er wirkt etwas bedrohlich mit seiner Leibesfülle, aber der Maschendraht ist zwischen uns, er ist auch sehr hoch, ich kann mir nicht vorstellen, dass der Mann darüber klettern kann. Eher ich. Außerdem betreibe ich keine Betriebsspionage, falls das der Gedanke sein sollte, der ihn dazu veranlasst hat, sich in Bewegung zu setzen, meine Kamera im Visier.

Der erste Teil der Frage ist mir nicht unbekannt – der Mann will wissen, was ich hier tue –, und so gebe ich meine übliche Antwort: «Ich schaue mir nichts weiter als Pflanzen an und fotografiere sie, speziell die Wildkräuter.»

«Hier? Wildkräuter? Habe ich richtig gehört? Meinen Sie etwa dieses Unkraut auf dem Boden? Und das an diesem Ort? An einer Mülldeponie?» Damit ist sein Repertoire an Fragen aber auch schon aufgebraucht.

«Warum denn nicht?», gebe ich zurück. «Wer hier alte Fernseher oder tote Fichten loswerden will, kann auf der Rückfahrt doch ein paar wahre Kräuter fürs Mittag- oder Abendessen einsammeln. Nicht einmal Parkplatzprobleme hat man.»

Der Blaumannträger ist noch immer verwirrt. Kräuter scheinen nicht seine Leibspeise zu sein, der immense Bauchumfang lässt nicht unbedingt auf eine vitale und frische Küche schließen.

«Was will man denn mit Kräutern?», fragt er etwas ratlos, aber zum ersten Mal folgt auch eine klare Feststellung: «Ich mag Currywurst und einen ordentlichen Braten, da kommt mir nix Grünes dran.» Kopfschüttelnd zieht er von dannen, um seinem Kollegen, der abwartend im Hintergrund gestanden hat, von mir, dem Alien und grünen Marsmännchen, zu berichten. Ich fange an zu grübeln, denke, dass ich noch viel Aufklärungsarbeit leisten muss, um meine Wildpflanzenmission an den Mann zu bringen. Speziell an einen Recycling-Mann. Hätte er denn nicht sagen können: «O, Sie sammeln hier Kräuter, Sie leben aber gesund, das sieht man Ihnen ja sogar an, das wollte ich auch schon immer!»

Nun gut. Jeder nach seiner Fasson, so hatte es schon Friedrich II., König von Preußen, in seiner Glücksformel auf den Punkt gebracht. Keineswegs ist es meine Absicht, den Currywurst-Liebhaber zum

Grünschnabel zu bekehren, hier soll überhaupt niemand bekehrt werden – außerdem habe ich rein gar nichts gegen eine ordentliche Portion Bratwürste. Mein bereits erwähnter Botanik-Freund Hannes hat sogar seinen Kater so getauft, Bratwurst! Sie ahnen sofort, wie der aussieht … Aber ein bisschen Freude an den wunderbaren pflanzlichen Geschmacksrichtungen zu haben, wäre doch nicht ganz verkehrt …

Da wäre zum Beispiel der bis zu 20 Zentimeter hoch wachsende **Gewöhnliche Feldsalat** (*Valerianella locusta*). Auf dem Markt muss man für 100 Gramm bis zu zwei Euro zahlen, und hier wächst er in Massen. Ein Dickmacher ist er auf keinen Fall, pro der gerade genannten Zwei-Euro-Menge kommt man auf nur 21 Kalorien (eine Currywust an der guten alten Imbissstube hat rund satte 950 Kalorien, nur mal so als Vergleich). Den Feldsalat mümmelten schon die Steinzeitmenschen, das habe ich mal in der *Apotheken-Umschau* gelesen, tief beeindruckt hat es mich. Als Kulturpflanze baut man ihn erst seit rund hundert Jahren an, da bekam man spitz, dass seine Blätter sehr viel Vitamin C und andere Mineralien enthalten, die unser Immunsystem zu Hochleistungen anspornen. Die bezaubernden hell violetten bis türkisfarbenen Blüten sind jung auch gut essbar, aber am besten schmecken einfach die Blätter vor der Blüte. Sie kann man zu einem wunderbaren Salat mit Radieschen und Himbeeressig verwenden, mit Walnüssen und eingelegten Birnen oder gebratenem Speck. Granatapfel, Orangen und auch Parmesan mag der Feldsalat – Ihnen fallen bestimmt noch viele andere Kombinationen ein.

Nun wird es scharf, richtig bitter (mir auch mal zu bitter), mit der **Scharfen Gänsedistel** (*Sonchus asper*). Bitterstoffe sind aber ganz prima, leider hat man sie uns aus vielen Gemüsesorten weggezüchtet, völlig zu Unrecht, denn sie regen die Verdauung an, insbesondere die Fettverdauung, überhaupt den Stoffwechsel insgesamt. Aus Sicherheitsgründen ein kurzer Blick zu den beiden Recycling-Männern, die Hände haben sie in die Hüften gestemmt. Sie verfolgen, ob ich wirklich nur Grünzeug ablichte und nicht etwa sie. Aber die Gänsedistel mit ihren von Mai bis November gelben Blüten hat sich trotz Regens in Positur geworfen, sie will jetzt im Mittelpunkt stehen, und das will ich ihr auch gönnen. Immerhin ist sie schon über einen halben Meter hoch, ganze 50 Zentimeter hat sie noch in petto. Aber ich habe nicht nur vor, sie zu fotografieren, ich will auch von ihr kosten. Die Blätter munden nach Kohl, aber ohne diesen manchmal penetranten Kohlgeschmack. Mit anderen Worten: Man kann daraus einen aromatischen Salat zubereiten. Da fällt mir ein Tipp ein, der im Prinzip für alle hier vorgestellten Blätter gilt: Nie von einer Art allein einen Salat zubereiten, dann ergeht es Ihnen so wie mir mit dem Endiviensalat meines Vaters – man wird dem Grün schnell überdrüssig. Am besten alles bunt mischen, ein paar Blätter davon, einige Blüten hiervon, dazu vielleicht sogar noch ein paar Beeren. Was zusammen gut schmeckt, das sollten nur Sie selbst herausfinden, Geschmäcker sind nämlich verschieden. Die Stängel der Scharfen Gänsedistel kann man übrigens ebenso verwenden, dazu sollte man sie klein schneiden und gut waschen, damit der in ihnen enthaltene Milchsaft ausgeschwemmt wird. Nach dieser Behandlung sind sie geeignet für Smoothies und Gemüsemischungen, etwa mit dem Thermomix.

Apropos Thermomix ... Ich bin ja altmodisch, und was für Höllenmaschinen es heutzutage gibt, da staune ich nur. Steffi hat sich vor zwei Jahren so ein Teil zugelegt, für sündhaft viel Geld. Anfangs lief das Ungetüm wenn nicht jeden, so doch jeden zweiten Tag – es musste sich ja lohnen. Ich als alter Gärtner fühlte mich sofort in inniger Nachbarschaft mit einem Asthäcksler, ein richtig fettes Ding! Es ging zwar nicht länger als fünf Sekunden, aber so was Lautes! Nur gut, dass es nicht dabei qualmte oder stank! Ich bereitete mich innerlich auf harte Zeiten vor. Aber gemach, Zeiten ändern sich. Nach nicht mal drei Wochen lief das Gerät schon erheblich seltener, das Säubern erforderte nämlich das Zigfache an Zeit im Vergleich zur kurzen Zerhackerei (das Wort «Matscherei» wäre für mich hier angebrachter). Und Sie glauben es nicht, jetzt läuft der teure Thermomix nur noch einmal im Vierteljahr, allerhöchstens – wie oft hätten wir für das Geld schön essen gehen können. Das ficht aber diese Gänsedistel nicht an, sie lässt es sich sogar nicht nehmen, wunderbar zu heilen: Der Milchsaft der Stängel soll früher innerlich bei Kurzatmigkeit, Leberschwäche, Fieber und Sodbrennen genutzt worden sein und äußerlich bei Ausschlägen, Hämorrhoiden und Entzündungen der Haut.

Die Pflanze, die in unmittelbarer Nähe zur Gänsedistel wächst, kennen Sie auf jeden Fall: den bis 40 Zentimeter aufstrebenden **Gewöhnlichen Löwenzahn** (*Taraxacum officinale* agg.). Seine Blätter schmecken herb bis würzig, seine Blütenknospen leicht süßlich. Wenn die Pflanze mehr oder weniger ausgedient hat, ist sie jedoch bitter und gummihart. Alle Teile lassen sich zu Salaten,

Suppen, Soßen, auf Brot, zu Eier-, Käse und Kartoffelspeisen verwenden. Diese Art hat doppelt so viel Kalium, Magnesium und Phosphor, fünfmal so viel Eiweiß und sogar achtmal so viel Vitamin C wie ein Kopfsalat. Auch wenn der Löwenzahn als Maikäferschreck gilt, lassen Sie sich nicht von dieser gelben Kuhwiesenblume abhalten! Löwenzahn wirkt blutbildend, harntreibend und aktiviert allgemein den Stoffwechsel. Als Tee sagt er Kopfschmerzen den Kampf an, ebenso hilft er gegen Bronchitis und chronische Gelenkschmerzen. Und wer unter Frühjahrsmüdigkeit leidet, darf auf Löwenzahnsalat und -tee sowieso nicht verzichten. Nach der Signaturenlehre glaubte man, dass der Löwenzahn wegen seiner leuchtend gelben Blüten die Gelbsucht heilen würde. Die Signaturenlehre war schon in der Antike bekannt und fand dann wieder im Mittelalter durch den Arzt und Mystiker Paracelsus größere Verbreitung. Danach glaubte man an Analogien zwischen Menschen, Tieren, Pflanzen und Gestirnen hinsichtlich von Form, Farbe, Gerüchen etc. Bei roten Pflanzen nahm man an, dass sie gut fürs Blut seien, Bohnen aufgrund ihrer Form für die Nieren, Walnüsse fürs Gehirn. Manches war gar nicht so verkehrt gedacht, denn die Walnuss (und die kommt noch!) enthält zum Beispiel tatsächlich viele Fettsäuren, die sich positiv aufs Gehirn auswirken.

Die Blattränder des Löwenzahns, es gibt in Deutschland allein weit über tausend verschiedene Löwenzahn-Arten, erinnern an Zähne von Löwen. Die Blätter enthalten wie die der Scharfen Gänsedistel viele Bitterstoffe, darunter das selten vorkommende Eudesmanolid Tetrahydroiridentin B oder Germacranolid Ainsliosid. Bitterstoffe allgemein produzieren vermehrt Speichel und Magensäure, was wiederum, wie gesagt, die Verdauung auf Vordermann bringt, sodass Fette und Eiweiße leichter abgebaut werden. Und man fühlt sich eher satt – was für Abnehmwillige vielleicht ein guter Hinweis ist. Da fällt mir auf: Esse ich etwa zu viele Bitterstoffe? Bei meinen Exkursionen probiere ich immer alles, was ich zeige (ich rede ja nicht nur über Natur, ich lebe sie auch). Da kommt dann schon eine ganze Menge zusammen. Das gibt mir jetzt zu denken, aber nur kurz …

Dieser Grünstreifen vor der Blocklanddeponie ist artenreicher als jede gut sortierte Supermarkt-Gemüseabteilung, oder haben Sie bei Edeka, Lidl & Co. schon mal **Kubaspinat** (*Claytonia perfoliata*) kaufen können? Er firmiert auch unter dem Namen Gewöhnliches Tellerkraut und prosperiert seit etwa vierzig Jahren. Der Name Kubaspinat ist schon Programm, denn die hübschen zarten und runden Blätter wirken so schön frech, als würden sie einem die Zunge ausstrecken. Hatte da Fidel Castro höchstpersönlich seine Finger

im Spiel? Die Pflanze wächst tatsächlich auf Kuba, sie emigrierte auf die Insel von Nordamerika aus, und weil der Eroberungsdrang dieser Vitamin-C-Bombe noch nicht ausgereizt war, machte sie sich auf nach Europa. Die saftigen Blätter (schmecken wie Feldsalat), aber auch die Stängel und die weißen Blüten ergeben frisch einen feinen Salat, gekocht kann man die Blätter als Spinatgemüse oder als Pesto zubereiten. Wegen des hohen Vitamin-C-Gehalts beugt der Kubaspinat Erkältungskrankheiten vor, in alten Heilbüchern wird er bei Rheuma und Nierenproblemen empfohlen (als Brei-wickel). Man kann mit den hübschen Tellerblättern natürlich auch einfach nur den Teller dekorieren. Aber Achtung: Diese wärmelie-bende, bis 30 Zentimeter hohe, einjährige Art wächst am liebsten auf Sand, in Lehmgebieten oder im Gebirge suchen Sie sie daher vergeblich!

Neben dem Kubaspinat entdecke ich noch eine Gänsedistel: die häufige, bis 120 Zenti-meter hoch werdende **Kohl-Gänsedistel** (*Sonchus oleraceus*), sie ist überhaupt nicht stachelig, beherzt kann man in sie hinein-greifen, und sie blüht ebenfalls gelb. Die Pflanze verfügt über reichlich Bitterstoffe, ist jedoch etwas milder als die pieksige Schwes-ter. Lecker schmecken die Blätter mit Nudeln, wenn man ordentlich Sahne zugibt. Man kann auch noch etwas Butter reinhauen und eine Prise Muskat. Veganer können die hohlen Stängel garen, entsprechend zurechtge-schnitten sehen sie aus wie Makkaroni. Plinius der Ältere empfahl den alten Rö-mern die Kohl-Gänsedistel wegen ihrer «großen medizinischen Tugenden», der verdünnte Milchsaft soll gegen Kurzatmigkeit und Sodbrennen geholfen haben, die gekochten Blätter wurden jungen Müttern serviert, man hoffte dadurch die Milchbildung zu fördern.

Untermalt vom Rauschen vorbeidonnernder Lkws (die Brummi-Fahrer sind eindeutig auch in der Currywurst-Fraktion, sie schauen weder nach links noch nach rechts) und dem Gesang des Zilpzalps (der tatsächlich nichts anderes kann als sein unermüdliches Zilp-Zalp! Zilp-Zalp! – schon verwunderlich, dass er noch nicht vollkommen kirre davon ist, die ganze Zeit seinen eigenen Namen zu rufen) wechsele ich die Straßenseite.

Dort sticht mir die **Schlehe** (*Prunus spinosa*) ins Auge, ein bis zu vier Meter hoch wachsendes, stark bedorntes Gehölz, das häufig auf kalkreicheren Lehm- und Gesteinsböden zu finden ist und gerade hemmungslos weiß blüht. Das harte Holz kann man nicht essen, aber man kann Spazierstöcke daraus fertigen, und einen solchen braucht man auch, um halbwegs aufrecht nach Hause zu kommen, sollte man einmal auswärts zu viel Schlehenschnaps getrunken haben. Aus den blau-schwarzen, kugeligen Früchten wird das alkoholische Getränk destilliert, man kann sie aber ebenso ab September zu verdauungsförderndem Mus verarbeiten. Hildegard von Bingen, hochmittelalterliche Äbtissin und Heilkundlerin, schrieb in ihrem medizinischen Werk *Physica*: «Und die Frucht des Schlehdorns, nämlich die Schlehen, süße mit Honig und iss sie oft auf diese Weise, dann wird die Gicht in dir

weichen. Aber wer im Magen schwach ist, der brate Schlehen …
oder er koche sie in Wasser und esse sie oft, dies führt den Unmut
und den Schleim vom Magen ab. Und wenn er ihre Kerne mit isst,
wird es ihm nicht schaden.» Aus den Blüten und Blättern kann
man einen Tee zubereiten, der den Stoffwechsel in Gang setzt, das
Immunsystem stabilisiert und sogar Fieber senkt, denn er wirkt
schweißtreibend. Kräuterpfarrer Sebastian Kneipp war weniger
poetisch als Hildegard, er sagte kurz und knapp zum Schlehentee:
«Schlehenblüten sind das harmloseste Abführmittel, das es gibt.»
Goldwert finde ich dieses Wissen: Zahnfleischentzündungen klingen ab, wenn man auf getrockneten Früchten herumkaut.

Ein Blick hinauf zum Himmel: Es hellt sich auf. Wunderbar. Ich
hätte auch keine Lust gehabt, jetzt schon nach Hause zu fahren, nur
weil ich pitschnass werden könnte. Außerdem habe ich noch Butterbrote in meinem Auto (heute Morgen frisch geschmiert, nicht
etwa von gestern übrig geblieben), die würde ich gern noch mit
etwas Kräftigem belegen, Bär-Lauch zum Beispiel. Bär-Lauch, das
weiß ich von vielen Spaziergängen (allein oder seltener auch mal
zu zweit), wächst ausufernd in Knoops Park, der im Nordbremer
Stadtteil Lesum liegt. Die Lesum ist zudem ein naturnaher, träge
dahinfließender Fluss der Wesermarsch, der am Park vorbeimäan-
dert. Darum ist es auch ein Naturschutzgebiet mit wogenden Schilf-
gürteln – sozusagen unsere Peene in Bremen!

Am Nordrand des Parks steht eine Bronzestatue von einem feinen Herrn im gediegenen Dreiteiler, der in der einen Hand einen
Bowler trägt und in der anderen – na? – einen Spazierstock. Das ist
Ludwig Knoop, seines Zeichens sogar Baron. Der war aber – um
beim Bild der Schlehe zu bleiben – kein Bremer Schnapsfabrikant,
sondern einer der erfolgreichsten Textilunternehmer des 19. Jahr-
hunderts, weshalb auch der Park nach ihm benannt wurde. Er spen-
dete diesen an die Bremer Bevölkerung! So ehrenwert und schnieke
wie der Herr Baron sehe ich heute nicht gerade aus, meine schwarze

wetterfeste Wolfskin-Outdoor-Jacke und meine abgewetzten Jeans der Marke Seekuh sind alles andere als aus edlem Tuch, aber der Herr Knoop zwängte sich ja auch bestimmt nicht zwischen Dornengebüsch und krabbelte händeringend kräutersuchend auf dem Boden herum. Jetzt will ich in diesem bekannten und beliebten Park anständig Jause machen und kehre der so artenreichen Blocklanddeponie den Rücken.

Unterwegs auf der A 27 muss ich geradezu zwanghaft auf einem Rastplatz anhalten, «Fahrwiesen» heißt der. Der Name passt gut, denn schon seit Jahren fahre ich hier auf das leuchtend dottergelb blühende, bis 100 Zentimeter hoch wachsende **Gewöhnliche Barbarakraut** (*Barbarea vulgaris*) ab. Meine erste und einzige Ehefrau heißt Barbara, ich musste deshalb diesen Stopp einlegen. Das Barbarakraut ist auch als Winterkresse bekannt. Obwohl es allmählich zunimmt, ist es noch immer deutlich seltener als Löwenzähne. Durch die Senföle schmeckt das Kraut bitter bis kresseartig. Blätter, Blüten und junge Sprosse sind ideale Beigaben zu Broccoli oder eine Alternative für die übliche Salatzusammensetzung (damit es nicht zu streng wird, lieber nur Kleinstmengen verwenden), und Eintöpfen kann man damit eine neue Note geben. Fischgerichte soll man damit sogar auf ein Gourmet-Niveau anheben können, aber das vermag ich nicht zu beurteilen, denn ich bevorzuge Fisch im Wasser, wenn er schwimmt. In

Form gepresste Fischstäbchen landeten, wenig fangfrisch, gerade noch auf meinem Teller, aber das auch nur, wenn meine Kinder sich diese panierten Dinger wünschten. Das Barbarakraut, um auf dieses zurückzukommen, ist sehr vitaminreich, und da die Blattrosetten schon ab November zu finden und zu verwerten sind, wurde es einst gegessen, um gesundheitsmäßig gut über den Winter zu kommen. Als Heilpflanze setzte man es zum Entschlacken, zum Entwässern sowie bei Appetitlosigkeit ein. Falls Sie es trocknen wollen, um es später mal zu verwenden, vergessen Sie es. Getrocknet hat es null Wirkung. Es ist schon erstaunlich, was Pflanzen alles in welcher Darbietungsform können, ebenso erstaunlich ist, dass man fast nichts mehr von diesem alten Wissen parat hat.

Auch das blühende **Dänische Löffelkraut** (*Cochlearia danica*) ist an den «Fahrwiesen» zu finden. Ebenfalls ein scharfes Gewächs, das fünf bis 30 Zentimeter hoch wird, jedoch ist es keine Spur bitter. Eigentlich ein Stranddünenbewohner, nun hat es sich aber an Autobahnen ein neues Zuhause eingerichtet; dank des win-

terlichen Streusalzes kann es dort gut überleben. Im Grunde hat bei diesem Kraut eine moderne Wikingerinvasion auf ganz vielen Autobahnen stattgefunden, erstmals 1987 auf der A1 bei Vechta in West-Niedersachsen. Das von Ende März bis Juni schneeweiß blühende Löffelkraut wurde nämlich einst von den kriegerischen Raubeinen gesammelt, um es einzusalzen und fässerweise auf Kaperfahrt mitzunehmen. Wie das Barbarakraut protzt es mit Vitamin C, hat aber, im Gegensatz zur Namenspatronin meiner Verflossenen, eine noch kürzere Verweildauer. Die Wikinger und später viele Seefahrer schützten sich mit dem Löffelkraut auf hoher See gegen die Vitaminmangelkrankheit Skorbut. Sonst hätten sie auch ihre Löffel abgegeben ... Bei ihm können Sie wieder alles verputzen, bis in den Mai hinein: Blätter, junge Sprosse, Blüten und auch die Samen.

Fieser Nieselregen setzt auf einmal wieder ein, und ich flüchte ins Auto. Das nordische Wetter hat so seine Tücken, doch bis zum Park des edlen Stifters und Bremer Großkaufmanns Knoop habe ich noch eine Fahrzeit von ungefähr fünfzehn Minuten zu bewältigen, da kann sich ja der Himmel noch dreimal umentschieden haben. Ich denke daran, wie viele Kräuter nicht nur eine schmackhafte Zutat sind (und dass es nicht nur Spaß macht, sie anzusehen, an ihnen zu reiben und zu riechen), sondern dass so viele von ihnen zudem ausnehmend gut für unsere Gesundheit sind. Es gibt einen tollen Satz, wieder einmal vom ollen Griechen Hippokrates, der wie die Faust aufs Auge passt: «Lebensmittel seien Arzneien und Arznei sei Lebensmittel.»

Und noch etwas fällt mir ein: Es gibt Kräuter und es gibt Gewürze – worin besteht eigentlich der Unterschied? Spontan kann ich es mir nur an dem klarmachen, was ich selbst kenne: Dill, Petersilie, Bär-Lauch (meine Butterbrote sind griffbereit!), Schnittlauch und Minze sind Kräuter. Muskat, Chili, Pfeffer und Sternanis kenne ich als Gewürze. Aber weil ich eine klare Definition will – es muss ja einen Grund geben, warum diese beiden Begriffe die Küchenwelt beherrschen –, begebe ich mich, nachdem ich an der Straße «Auf dem Hohen Ufer» einen Parkplatz gefunden habe, auf Suche im Internet. Schnell lande ich bei den von der Bundesregierung herausgegebenen «Leitsätzen für Gewürze und andere würzende Zutaten» – und da werde ich fündig: «Gewürze sind Blüten, Früchte, Knospen, Samen, Rinden, Wurzeln, Wurzelstöcke, Zwiebeln oder Teile davon, meist in getrockneter Form. Kräuter sind frische oder getrocknete Blätter, Blüten, Sprosse oder Teile davon.» Mir war das gar nicht so klar, Ihnen vielleicht ja auch nicht …

Statt Mülldeponie mit allem Drum und Dran befinde ich mich nun in einer ganz ehrbaren Gegend, pures Kontrastprogramm. Sie ist so ehrbar und fein, dass man sogar schon den Parkrasen gemäht hat. Ein totaler Quatsch um diese Jahreszeit, aber ich werde ja nicht gefragt. Manchmal ist das vielleicht auch besser so. Rund um die Parkstelle muss ich nur der Nase folgen, der **Bär-Lauch** (*Allium ursinum*) gedeiht hier tatsächlich in Hülle und Fülle. Mmh.

Als Zwiebelpflanze ist er laut staatlicher Verordnung ein Gewürz, ich hätte ihn glatt unter «Kräuter» firmiert – aber einmal will ich auch dem Staat glauben. Ich kenne niemanden, der den Bär-Lauch nicht kennt. Er hat den Laufsteg erobert, denn er gilt als Modepflanze. Bär-Lauch-Brot, Bär-Lauch-Käse, Bär-Lauch-Nudeln, Bär-Lauch-Pesto, Bär-Lauch-Suppe, Kartoffelknödel mit Bär-Lauch, Kartoffelsalat mit Bär-Lauch, Bär-Lauch zu Kalbsfleisch und Lamm usw. Meiner ehemaligen Frau Barbara habe ich sogar einmal ein paar Pflanzen für die äußerste Gartenecke mitgebracht, da müssen Sie heute mal gucken – Bärlauch-Meer hatten wir noch nicht! Ich finde ihn im Geschmack ein wenig kräftig, aber weil er die Wild- und Küchenpflanze schlechthin ist, muss er nun auch auf meine Brote.

Stilvoll hocke ich mich mitten ins Bär-Lauch-Paradies, öffne meine Brotdose, pflücke Bär-Lauch-Blätter, lege sie auf die gute Butter – und futtere drauflos. Das fast Ordinäre ist schnell vergessen, es schmeckt köstlich, womöglich deshalb, weil ich einfach nur Hunger habe. Immer rein damit, es stört auch nicht, dass es rundherum von den Bäumen tropft. Meine Frisur ist sowieso schon hin. Es schmeckt so klasse, dass ich einige Blätter in die Dose packe, für den morgigen Tag könnte ich einen Eiersalat machen. Oder besser noch Steffi. Und sind die weißen Blüten des Bär-Lauchs noch Knospen, kann man diese in Öl anbraten oder in Essig einlegen, eine Delikatesse. Die Früchte ersetzen im Juni, wenn sie jung sind, Pfeffer. Nur die Zwiebeln verschone ich, sie sollen im Boden bleiben, damit es im nächsten Jahr noch mehr Bär-Lauch geben kann. Sein medizinisches Spezialgebiet sind die Blutgefäße, wer viel

Bär-Lauch spachtelt, kann Ablagerungen auflösen und sogar den Cholesterinspiegel senken, wenn er denn zu hoch ist. Er wirkt vorbeugend gegen Zivilisationskrankheiten wie Arteriosklerose und somit gegen Herzinfarkt und Schlaganfall, gegen kalte Hände und Füße (Frauen, ihr esst bloß zu wenig Bär-Lauch!), Schwindel und dem Hang, alles Mögliche zu vergessen. Wobei: Ich würde mich nicht allein auf diesen bärbeißigen Bär-Lauch verlassen, viel Bewegung zum Beispiel ist immer noch das Allerbeste.

Gestärkt wandere ich nun in Richtung der Lesum, wasseraffin wie ich bin, zieht es mich runter zum Fluss. Unterwegs sehe ich keinen Menschen, stattdessen aber die gelb glänzenden Blüten des bis 20 Zentimeter emporsprießenden **Scharbockskrauts** (*Ranunculus ficaria* ssp. *bulbifera*), früher auch Feigwurz genannt. Einst konkurrierte es mit dem Dänischen Löffelkraut, um einen Vitamin-C-Mangel zu verhindern. Am besten munden die jungen Blätter, denn sie sind kaum bitter (nach der Blüte ignorieren Sie diese lieber). Man kann sie roh essen, dämpfen oder in Öl anbraten und überall in Speisen hinzufügen, wo es gefällt. Dem eigenen Geschmack folgen, mehr müssen Sie beim Kochen letztlich gar nicht wissen. Die Blütenknospen sind, in Essig eingelegt, ein hervorragender Kapernersatz. Ein Tee aus den Blättern soll gegen Hautunreinheiten helfen, ein Sitzbad gegen Hämorrhoiden. Das ist eine klare Ansage – zumindest für später.

In Sichtweite zur Lesum, umgeben von einem wahren Bärlauch-Teppich, kommt ein weiteres Lauchgewächs ins Spiel: der wesentlich unscheinbarere, aber auch robuste **Weinberg-Lauch** (*Allium vineale*). Er sieht aus wie handelsüblicher Schnitt-Lauch, kann auch so verwendet werden, hat matt blaugrüne, fein gerillte

Lauchblätter und ab Juni harte, kugelige Blütenstände bis in etwa 70 Zentimeter Höhe. Essbar sind alle Teile der Pflanze, die großen
Zwiebeln, die saftigen blaugrünen und
fein gerillten und hohlen Halme, die
Blüten und Samen. Meine Butterbrote
sind in meinem Magen, sonst hätte ich
diesen Lauch auf sie legen können. Jeder langweilige Salat wird damit aufge-
wertet, jede fade Suppe. Und wenn man
die Speisen zu zweit isst, muss man auch
nicht befürchten, dass jemand beim Anat-
men das Gesicht verzieht. Die Öle im Lauch
wecken selbst Verdauungsdrüsen aus dem Winter-
schlaf, Blähungen sollen gemindert werden,
und antibakteriell wirkt er zudem auch
noch. Bei den Samen will man herausgefunden haben, dass sie ein probates Mittel
gegen Haarausfall sind. Ich kann es nicht
bezeugen. Und überhaupt: Warum wird
der Weinberg-Lauch nicht wie Schnitt-
Lauch in Kulturen angebaut? Weinberge
hat Bremen zwar nicht, aber auch auf Deichen gedeiht noch reichlich Weinberg-Lauch.
Er wächst sogar rund ums Bremer Weserstadion, selbst
in Gebüschen – er sollte doch mal den oft müden Bremer Kickern
Beine machen!

Da fällt mir ein ganzer Teppich voller **Giersch** (*Aegopodium
podagraria*) ins Auge. Fast jeder, der einen Garten besitzt, hat mindestens ein Hassobjekt, und bei vielen rangiert ganz oben auf der
Liste dieses extrem lästige Kraut. Doch man könnte ihn auch mal
ganz anders betrachten (wie vieles im Leben ist alles eine Frage der

Perspektive), als das ultimative Gemüse, das super unkompliziert ist und nicht einmal Pflege braucht, denn es wächst von ganz allein. Der Giersch hat eine ungestüme Vitalität, ständig gibt es frische Triebe, Nachschubprobleme tauchen bei ihm also nie auf, nicht einmal saisonal bedingt, obwohl: je jünger, umso besser. Außerdem ist dieses Wildgemüse vielseitig einsetzbar, als Salat, als Spinat, in Bratlingen oder Nudelaufläufen. Gesund ist es dazu, da es viele Vitamine und Mineralien enthält, die gegen Rheuma und Gicht, aber auch bei Erkältungskrankheiten hervorragende Dienste leisten. Und jeder Gärtner könnte rundum entzückt sein, weil er als Biomasse genialen Kompost abgibt. Wie gesagt: Der Blickwinkel entscheidet.

Die Koreaner bauen Giersch schon konsequent als Gemüse an. Und haben Sie bemerkt, dass das dreiförmige Blatt dem Fußabdruck einer Ziege ähnelt? Es schmeckt aber nicht nach Ziege, sondern nach einer Mischung aus Möhre, Petersilie und Spinat. Also ungewöhnlich gut, den esse sogar ich! Die Samen kann man wie Dill oder Fenchel verwenden, die weißen Blüten im Juni bis Juli aromatisieren Essig, Kräuterlimo oder Öle. Habe ich jetzt genug Überzeugungsarbeit für diesen Drängler und Stalker, Wüstling – ähm, Wüchsling – unter den Pflanzen geleistet?

Jetzt stehe ich direkt am Norduffer der Lesum, im Rücken habe ich die Büste von Karl Rudolf Brommy, Konteradmiral der ersten deutschen Flotte – ohne Arme sieht er aber verloren aus, wie will man so ernsthafte Befehle austeilen? Im Jahr 1860, mit gerade mal fünfundfünfzig, starb er bereits, bestimmt hat er Giersch, Bär- und Weinberg-Lauch nicht gekannt, geschweige denn verköstigt … Sei's drum, vor mir, im dicken Schlick, erwartet mich nun wirklich keine Überraschung: ganz **Gewöhnliches Schilf** (*Phragmites australis*). Das bis zu vier Meter hohe und erst im Spätsommer blühende Süßgras ist unser Bambus, deshalb auch ähnlich zu verarbeiten – das jedoch haben Sie bestimmt nicht gewusst. Die jungen und noch weichen Triebe, die direkt aus der Wurzel kommen, werden

von den äußeren Blättern befreit und können dann von April bis Ende Mai vielfältig verwendet werden, roh im Salat, als gedünstetes Gemüse oder man legt sie in Essig oder Öl ein. Sie schmecken wie milder, leicht süßlicher Porree. Da sie zuckerhaltig sind, kann man sie auch auspressen und bekommt so einen Sirup, den nicht jeder kennt – ich auch noch nicht! Die Rhizome, die im Boden verlaufenden Sprossenachsen (werden bis zu zehn Meter lang), sind ebenfalls gut zu gebrauchen, für Notzeiten können Sie abspeichern, dass Schilfrhizome geröstet als Kaffeeersatz zu verwenden sind. Falls wirklich mal ein Survival-Training angesagt ist, kann man aus den Wurzeln ein Mehl herstellen – aber wie gesagt: Gräbt man die Wurzeln aus, wächst dort nichts nach. In der chinesischen Medizin wird Schilf als fiebersenkendes, harntreibendes und schmerzlinderndes Heilmittel eingesetzt. Gekochte Rhizome (Wurzeln sind ja nur die oft haarfeinen Ausbildungen) sollen gegen Husten und Übelkeit, Blatt- und Blütenaufgüsse gegen Bronchitis, Lebensmittelvergiftungen oder sogar gegen Cholera helfen.

Wieso muss ich gerade jetzt an geräucherte Mettwürste, an Mettenden denken? Und je weniger ich daran denken will, umso mehr geschieht es. Vielleicht kennen Sie diese Geschichte über den russischen Dichter Leo Tolstoi. Tolstois älterer Bruder hatte dem kleinen Leo aufgetragen, so lange in einer Ecke sitzen zu bleiben, bis er nicht mehr an einen Eisbären denken musste. Als der Bruder nach mehreren Stunden zurückkehrte, sah er erstaunt, dass Leo noch immer in der Ecke hockte, unfähig, seine Gedanken über den Eisbären aus dem Kopf zu kriegen.

Da kommt als Ablenkungsmanöver die hübsche, über lange Zeit weiß blühende und bis 80 Zentimeter hoch werdende **Gewöhnliche Brunnenkresse** (*Nasturtium officinale*) gerade recht. Sie gedeiht ebenfalls im für uns unwirtlichen, aber nährstoffreichen und dauernd nassen Schlick. Tritt verträgt die Pflanze sowieso nicht, alles richtig macht also diese Brunnenkresse, sich hierher zu ver-

krümeln, sie ist eine der vitaminreichsten Arten
überhaupt. Die hohlen Sprosse und dunkelgrünen, gefiederten Blätter, viel größer
als bei der kultivierten Kresse, könnte
ich auf einen Burger legen oder in Buletten verarbeiten. Sicherheitshalber
zupfe ich mir etwas Kraut für den
Abend zusammen, das hätten auch
Admiral und Baron mal tun sollen,
anstatt hier im und am Park einsam in
die Luft zu starren …

Beim Pflücken probiere ich die Kresse:
Sie schmeckt mild bis leicht würzig, gefällt
mir. Es knirscht aber etwas zwischen den Zähnen, nun ja – es ist kein Salz, sondern verbliebener
Schlick … Ach, egal, jetzt höre ich wieder meinen Vater dozieren:
«Dreck reinigt den Magen!» Sogar Kerngehäuse von Äpfeln und
Birnen esse ich noch heute restlos auf. Gnade kannte mein Vater
nur bei Apfelstielen und Pfirsichkernen! Aber jetzt doch besser zurück zum Thema – Brunnenkressesuppe ist beliebt, Kressequark
ein Hit, aber Apfelsinensalat mit Kresse ist ebenso vorstellbar. Jeder Vitaminmangel lässt sich damit auskurieren. Die Powerpflanze
ist medizinisch sowieso gut aufgestellt: Sie lindert Entzündungen
von Hals und Zahnfleisch, regt die Verdauung an und ist eine ideale
Kur, wenn man von Frühjahrsmüdigkeit geplagt wird.

Nun aber zurück zum Auto. Die Sonne blinzelt durch die nun
aufgelockerte Wolkendecke und ich werde fast geblendet von den
zarten weißen Blüten der **Echten Traubenkirsche** (*Prunus pa-
dus*). Die Blätter dieses Rosengewächses schmecken ganz leicht
nach Bittermandeln (endlich eine Abwechslung nach dem vielen
Lauch) und können im April und Mai klein geschnitten und meinen Geschmacksnerven zufolge Soßen und Nudelaufläufe verfei-

nern. Ein Tee aus Blüten und Blättern soll Fieber senken, einer aus der Rinde des Baums bei Rheuma helfen. Ab Juni entwickeln sich die kleinen Kirschen, die aber einen großen Kern und wenig Fruchtfleisch haben. Wer sich die Mühe machen will, kann das Wildobst entkernen und daraus Marmelade oder Mus kochen; entsaften ist auch möglich. Roh schmecken die Früchte etwas zu bitter. Früher hielt ich die Echte Traubenkirsche immer für giftig. Aber sogar die blauschwarz glänzenden, herb-süßen Früchte der wirklich giftigen Späten Traubenkirsche (*Prunus serotina*) kann man zur Not in kleinen Mengen essen. Ich stehe jetzt nur da, halte kurz inne und atme den Duft der Blüten ein, er ist unglaublich – schon das ist doch äußerst gesund!

Doch irgendwann ist es genug, für heute reichen die Aroma- und Vitamindosen. Schnell nach Hause und abtrocknen – denn das schafft nun wirklich keins meiner Gewächse.

Poppenbeck

in den Baumbergen im Münsterland

Schon am nächsten Tag, es ist der 16. April 2016, sitze ich wieder im blauen Škoda, ich will ins Münsterland, genauer gesagt nach Poppenbeck bei Havixbeck, Kreis Coesfeld. Immer schon mal wollte ich in die sogenannten Baumberge – von diesen Bergen, die in Wahrheit kaum welche sind, hatte ich bereits im Heimatkundeunterricht in der vierten Klasse gehört! Wenn nicht heute, wann dann? Poppenbeck besteht aus beiderseits einer Hauptstraße verteilten Streuhöfen, ich entdecke auch keine Straßennamen, sondern nur Hausnummern von Poppenbeck 1 bis Poppenbeck 100. Poppenbeck Nummer 20 ist das Poppenbecker Kreuz, es steht an der Stelle, wo angeblich der Ritter Swer von Bevern aus dem Hause Havixbeck 1487 auf dem Rückweg von einem Türkenfeldzug starb, sozusagen unmittelbar vor seiner Haustür – wie traurig! Und es gibt zwei Bushaltestellen, erwartungsgemäß eine links und eine rechts von der Landesstraße. Der Ort ist eingebettet in eine Landschaft, in der es sanft rauf und runter geht, typisch Münsterland, leider heute mit intensiver Landwirtschaft. Kurz nach der Autobahnabfahrt begrüßten mich erste Bäche und Straßengräben mit viel Hoher Schlüsselblume – Überraschung! Poppenbeck ist abgeleitet von den Worten «Bach» (Bäke, Beeke, Beck) und «kleinen Fröschen», im Westfälischen den Pillepoppen.

An einer der beiden Bushaltestellen, an der ein Radweg mit älterem Baumsaum verläuft, wächst viel **Frühlings-Hungerblümchen** (*Erophila verna*). Man glaubt es kaum, es blüht im Frühling und kann dabei hungern. Mein Schutzinstinkt ist geweckt. Ich mag die Art sehr gerne, die Schötchen sehen leicht aus wie mein

Kopf, ziemlich eierförmig. Ich kriege mich kaum ein, die Art ist wirklich total niedlich mit ihren kleinen Blütchen, die von Februar bis Mai sichtbar sind, und den glänzend braun lackierten Schötchen. Beides kann man auch noch essen. (Das pries ich schon in meinen beiden früheren Büchern an, aber der eine oder andere glaubte es nicht.) Die Blätter besitzen einen leicht würzigen Kohlgeschmack. Ich sag's lieber gleich, diese Art gibt nicht viel her, der Name lässt es schon erahnen. Wahre Hungerkünstler wissen das Gewächs trotzdem zu schätzen, man muss nur viel davon sammeln, will man überhaupt etwas im Salat schmecken. Okay, wenn's nichts anderes gibt, sammeln wir eben auch mal Hungerblümchen, in der Not frisst der Teufel ja sogar Fliegen. Satt wird davon niemand, es ist ein drei bis 15 Zentimeter hoher Notnagel von Januar bis Mai!

An den Straßenrändern beeindrucken nun dicke Polster vom **Scharfen Mauerpfeffer** (*Sedum acre*). Ich probiere die Blätter, doch sind Sie

ohne Beschwerden, sollten Sie das besser unterlassen. Noch eine Viertelstunde nach dem Essen kratzt es verdammt scharf im Hals. Aber dafür ist der Mauerpfeffer eine uralte Heilpflanze, Hippokrates erwähnte in seinen Schriften, man könne damit Schwellungen und Entzündungen in den Griff bekommen. Da Römer und Griechen nur äußerst selten einer Meinung waren, musste Plinius der Ältere, ein Gelehrter und Naturkundler aus Como (er schrieb so etwas Bedeutsames wie die *Naturalis historia*) auch gleich gegenhalten. Er meinte, die Pflanzen würden Kranken zu gutem Schlaf verhelfen, wenn ihnen der in ein schwarzes Tuch gewickelte Scharfe Mauerpfeffer unter den Kopf gelegt werde, allerdings nur unter der Voraussetzung, dass die Betroffenen nichts davon wüssten. Im 19. Jahrhundert vermischte man den frischen Pflanzensaft mit Bier – und weg war die Diphtherie. Auf jeden Fall wirkt der Saft der sukkulenten Art kühlend und schmerzlindernd, darauf hat man sich irgendwann in der Volksmedizin einigen können.

«Was wollen Sie hier?»

Ach, schon wieder das große Misstrauen, diesmal in Gestalt eines zweibeinigen Münsterländers – der Vierbeiner gleichen Namens spricht nämlich auch hier so gut wie nie! Hager, wohl vom Hungerblümchen ernährt, tiefliegende, skeptisch guckende Augen, gegerbtes Gesicht, das Alter deshalb nur schwer schätzbar.

Ich mag gerade nicht darauf antworten, fotografiere nämlich ein Brunnenlebermoos (manchmal muss man fremdgehen, wenn noch andere hübsche Arten locken, auch wenn sie nicht zum Verzehr geeignet sind), daher fragt der Mann weiter: «Was wollen Sie so nah an meinem Hof?» Im Münsterland steht man zwar alle 1000 Meter vor einer Madonna, doch kommt hier jemand als Mensch verkleidet daher, ist der Münsterländer erst einmal auf Abstand und rechnet mit dem Schlimmsten! Mag er Menschen lieber nur geschnitzt? Aber nachdem ich ihm erklärt habe, was ich hier so mache und dass er heute Morgen im Dorf bereits der Vierte im Misstrauensbunde ist, weicht seine angeborene Zurückhaltung: «Fotografieren Sie ruhig, das Moos ist richtig häufig hier!» Ich will es ihm doch auch gar nicht stehlen …

«Das sehe ich gleich», erwidere ich. «Es ist hier feucht vom ablaufenden Dachwasser, auch ziemlich lehmig, überwiegend schattig, wahrscheinlich spritzen Sie hier sogar, außer Moos ist nämlich sonst nichts los!»

Mit einem solchen Vortrag hat der gute Mann nun wirklich nicht gerechnet, er ist bass erstaunt, alles richtig gedeutet! So führe ich den hiesigen «Eingeborenen» im Weiteren mal das Schöllkraut, mal das Brunnenlebermoos, einer Reiterinnengruppe den Gundermann und zu guter Letzt einer Hausbesitzerin die Mauerflechte auf ihrer alten Gartenrandmauer zu Gemüte.

«Hier mache ich seit Jahren nichts», sagt sie.

«Sieht man doch auch gleich!», sage ich.

Wer nach Kräutern in Vorgärten lugt, der kann auf jeden Fall viel erleben.

Zurück zu den Bushaltestellen von Poppenbeck, ein Bus hielt an diesem Samstag aber noch nicht. Jetzt sollten eigentlich toll gelbe Blüten locken, vom **Gänse-Fingerkraut** (*Potentilla anserina*). Aber dazu ist es noch zu früh. Doch bei den unterseits silbrigen, fein und regelmäßig gefiederten und gesägten Blättern dieser Art kommt man dennoch auf seine Kosten. Ist es der Pflanze zu trocken, wechselt sie nicht die Straßenseite, sondern wendet die graugrüne Blattoberfläche nach unten und die silbrige Blattunterseite nach oben. Sonnenreflexion ist angesagt, die Blätter sind beweglich: die Pflanze richtet sich permanent nach dem Tagesverlauf der Sonne. Die bis 20 Zentimeter langen Blätter kann man essen und in Salate geben (sparsam verwenden, da intensiv), die Wurzeln schmecken im gekochten Zustand leicht süßlich, ähnlich wie Möhren. Hauptsächlich ist das Fingerkraut jedoch eine Heilpflanze, wobei die antiken Heilkundler sie nicht kannten, was auch einen Grund hatte:

Sie kam im Mittelmeerraum nicht vor, ist sie doch in Mittel- und Nordeuropa zu Hause. In der Volksmedizin schwört man auf einen Tee, bei dem man zwei Teelöffel getrocknetes Fingerkraut mit einem Viertelliter kochendem Wasser zehn Minuten ziehen lässt. Dieser Aufguss soll dann alles lindern, was Krämpfe verursacht: Menstruationsbeschwerden, Bauchweh, Durchfall und Harnwegsinfektionen.

Ich verlasse die Baumberge und fahre weiter längs der A1 Richtung Dortmund und Hagen, eine nachts sogar beleuchtete Burg hoch über Lenne und Ruhr hat es mir bei vielen Vorbeifahrten angetan – die Hohensyburg am Hengsteysee. Übernachtet wird im kleinen Auto, kräutertechnisch steht absolute Magerkost an, nicht mal Hungerblümchen gibt's. Bockwürstchen aus'm Glas, Waffelkekse und Orangensaft. Satt sehe ich mich sowieso lieber an schönen Landschaften und an den vielen Gewächsen. Selbst ich wusste lange nicht, was die so alles können.

Dortmund / Hagen

am Hengsteysee und auf der Hohensyburg

A m nächsten Morgen starte ich in der Morgendämmerung und bei Regen südlich vom Hengsteysee, auf dem Gebiet der Stadt Hagen. Ein erster Biker in schwerer Kluft röhrte bereits kurz vor sechs neben mir auf, danach war an Schlaf nicht mehr zu denken. Heute steht eine Exkursion zu beiden Seiten des Hengsteysees und auf / an der Hohensyburg an, elf Leute haben sich angesagt. Die Hohensyburg, heute eine Ruine, war im Mittelalter ein Gefängnis. Dort wollte ich schon immer mal hin, ich will auf dem Syberg zwar nicht büßen, aber Aussichtsberge und Aussichtstürme ziehen mich an wie ein Magnet, schon seit Kindertagen. Obwohl – büßen müsste ich eigentlich auch etwas …
Einem Kind habe ich vor einem Lidl-Laden in Lingen an der Ems vor Jahren die Luftpumpe geklaut. Mein Fahrrad verlor dauernd Luft, und ich hatte nicht mehr genügend Geld, um mir eine Pumpe zu kaufen. Und das Wenige, was ich noch hatte, brauchte ich für den Wochenendeinkauf (es war ein Samstag, ich vergesse es nie). Eiskalt habe ich die Pumpe vom Fahrrad des Mädchens gestohlen, eine Plastikpumpe. Natürlich war ich nicht ohne Pumpe losgefahren, aber die hatte ich beim Pumpen so schwungvoll gezogen, dass ich auf einmal den Proppen in der einen Hand und den Rest in der anderen Hand hielt. Für diesen Diebstahl müsste ich mindestens einen Tag im Turm zubringen, was aber zu ertragen wäre, denn ich hätte eine wunderbare Aussicht auf den Hengsteysee. Und wie oft habe ich schon Bohnen, Erbsen, im Juni Herzkirschen, im Juli Erdbeeren, im August Kulturheidelbeeren illegal «geerntet», aber ich schwöre beim Arminius – nur für den Eigenbedarf, und nur, wenn

mich keiner dabei sah. Also, das macht zusammen zwei Tage Turm, mehr aber auch nicht!

Der Hengsteysee wird gebildet durch den Zusammenfluss von Ruhr und Lenne. Um acht Uhr wimmelt es trotz leichten Regens bereits von Menschen: Hundefreaks, Jogger und Mountainbiker. Die etwas heruntergekommene Bikerklause wird erst später geöffnet – dann ist sie dicht umlagert. Aus Richtung Dortmund jagen die Motorräder die Serpentinenstraße rauf und Richtung See bergab, auf der Stauseebrücke kommen die Fahrer dann allmählich wieder zur Besinnung (die meisten jedenfalls).

Enten, Haubentaucher und Tauben wundern sich über die Aktivitäten bei Regen, unter der Hengsteysee-Brücke bin ich mit ihnen fast allein. Noch sind keine Ruderer zu sehen, hier trainiert der Ruderclub RC Westfalen Herdecke und damit Johannes Weißenfeld, der im Deutschland-Achter an den Olympischen Spielen 2016 in Rio de Janeiro teilgenommen hat. Hier ist die eigentliche Schmiede für den berühmten «Deutschland-Achter», oft schon golddekoriert, in Rio gab es jetzt aber «nur» Silber hinter den Briten, die bei Olympia sowieso richtig abgesahnt haben. Vor allem die Radfahrer – unglaublich, wie die dominierten. Unter den Radlern, die ich hier so sehe, wird es aber bestimmt keinen Goldfavoriten für die nächsten Spiele geben.

Ich mag fast alle Sportarten, außer Fechten, Reiten und Schießen. Beim Reiten entscheidet vor allem das viele Geld und neuerdings sind sogar deutsche Pferde gedopt. Fechten ist mir zu undurchsichtig (oft sogar für beide Beteiligte!), es gibt da nur schrille Schreie um nichts, und unter der Maske muss es höllisch heiß sein – der (Angst-)Schweiß rinnt! Schießen ist am schlimmsten, man sieht gar nichts, teilweise schießen die Schützen sogar auf falsche Scheiben. So hat ein Amerikaner, Matthew Emmons hieß der Mann, bei den Spielen in Athen 2004 und tatsächlich auch noch einmal in Peking 2008, jeweils klar in Führung liegend, mit dem allerletzten Schuss alles verloren – während er in Athen die falsche Scheibe anvisierte, fuhr er in Peking mit dem letzten Schuss das schlechteste Ergebnis der ganzen Spiele ein. Ich glaube, der ist danach völlig entnervt abgetreten. Der Mann hat mir richtig leidgetan.

Rudern mag ich aber ganz gern, da kann man gut sehen, wer vorne ist. Das Training stelle ich mir verdammt hart vor, nur das Schwimmtraining muss noch furchtbarer sein. Beim Rudern ist man wenigstens draußen an der frischen Luft, beim Schwimmen kann man nur die Kacheln zählen.

Doch zurück zum Hengsteysee: An dessen Südufer gibt es zwei Stellplätze für Wohnmobile und Camper mit Zelt, und einer dieser Stellplätze ist voll mit **Gundermann** (*Glechoma hederacea*), flächig wächst er wunderhübsch blau blühend und bis 40 Zentimeter hoch auf Hunderten von Quadratmetern, im Rasen, unter Bäumen, im Schotter. Obwohl es, den vielen Ködeln nach zu urteilen, hier nur so von Kaninchen wimmelt, hat der Gundermann

Glück. Er wird von den eifrigen Langohren nämlich nicht gefressen. Wenn Sie in Kaninchenge-
bieten seine Blätter sammeln, achten Sie bitte
darauf, die Köddel liegen zu lassen. Das gibt
Dünger für Rasen und Gundermann. Gun-
dermann-Blätter riechen wunderbar (die
frischen Köddel nicht, Sie werden es gleich
bemerken!), pure Aromaspender in Dressings, Eierpfannkuchen, Salaten oder Suppen, ebenso zu Pellkartoffeln. Sie schmecken
herb-aromatisch bis süßlich und enthalten viel Vitamin C, Kalium und Kieselsäure. Bis ins 17. Jahrhundert hinein wurde der Gundermann verwendet, um das Bier
würziger zu brauen und es besser zu konservieren. Im Althochdeut-
schen bedeutet *gund* Eiter, und so hat diese Pflanze ihren Namen
bekommen, weil sie in Form eines Wickels bei eitrigen Wunden
und Abszessen verwendet wurde. Ein Teeaufguss von Blättern und
Blüten wirkt stoffwechselfördernd, lindert aber ebenso Blasen-,
Darm- und Magenleiden. Diese Allerweltsart wird bislang unterschätzt, und Sebastian Kneipp konnte so oft rufen, wie er wollte:
«Gundermann, Heil aller Welt», bei dieser Pflanze blieb der bayerische Wasserpapst irgendwie ungehört.

Der Regen hat nachgelassen, die Tauben stiften wieder überall
Unruhe, während die Enten still über den See ziehen, wenn nicht
zwei Erpel gerade um ein Weibchen buhlen, welches schnatternd
abhaut, weil es weder den einen noch den anderen attraktiv findet.
Hartes Schicksal, aber nachvollziehbar. Ich nähere mich dem bis
zu 25 Meter hohen **Spitz-Ahorn** (*Acer platanoides*), ein typischer
Waldbaum. Viele wissen nicht, dass fast alles an ihm essbar ist: Blätter, Blüten, Früchte und junge Sämlinge. Die mild säuerlich schmeckenden Ahornblätter eignen sich als Salatgrundlage (dazu die jungen Blätter bis Ende April pflücken), sie sind eine wunderbare Zutat

in Suppen (Linseneintopf, das kann ich empfehlen, am besten klein geschnitten frisch drüberstreuen), sie können aber auch einfach nur pur gegessen werden, direkt vom Baum. Aus den Ahornblüten kann man einen wässerig-süßen Sirup herstellen, ebenso aus dem Saft, der aus der Rinde dringt, wenn man den Baum anritzt. Das würde ich jedoch nur bedingt machen, denn bei häufiger Prozedur schädigt ihn das. Die Volksmedizin sagt dem Ahorn eine Menge Gutes nach: Blattsud und Saft helfen äußerlich bei Augenbrennen, Entzündungen, Fieber, Gicht und Insektenstichen. Am Spitz-Ahorn mag ich besonders seine frühe Blütezeit im April, stets vor dem Austrieb der bespitzten Blätter, viele grün-gelbe «Tennisbälle» an den Zweigen rufen immer den Frühling aus!

Nicht der Wald ruft, aber der nächste Baum, die **Sal-Weide** (*Salix caprea*). Die gerbstoffreiche Rinde eignet sich zum Rotfärben von Wolle, zum Gerben von Leder und als Beigabe zu Teer. Das Salicin in Blättern und Rinde ist umgewandelt zu Salicylsäure (Gattungsname Salix!) Grundstoff der Kopfschmerztablette Aspirin.

Überhaupt ist die Sal-Weide eine Heil- und keine Esspflanze. Ein Tee aus der inneren Rinde hilft gegen Fieber, Gicht, Kopfschmerzen, Rheuma, Blasen-, Haut-, Magen- und Nierenreizungen. Gegurgelt bei Entzündungen in Hals und Mund gegen Zahnfleischbluten. Für zwei Tassen Weidenrindentee zwei Teelöffel klein geschnittene Rinde über Nacht in kaltem Wasser ziehen lassen, morgens aufkochen und dann über den Tag verteilt einnehmen. Ein Bad aus Weidenrinden (aufkochen) hilft gegen Schweißfüße, zerdrückte Blätter gegen Ohrenschmerzen, im Wickel gegen Biss-, Stich- und Schnittverletzungen (stoppt Blutungen und heilt ab). Die Asche von Weidenrinde lässt Hühneraugen und Warzen verschwinden. Unglaublich, mir wird ganz schwindelig. Und was hilft jetzt dagegen?

Diese Weide bietet sogar noch mehr: Aus dem ziemlich harten Holz werden Besen- und Schaufelstiele, Holzschuhe, Streichhölzer und Weidepfähle fabriziert. Junge Ruten eignen sich zum Flechten (Korbmöbel). Die im März sich entwickelnden Weidenkätzchen sind die erste Bienenweide, weshalb sie von Imkern bevorzugt um Bienenstöcke gepflanzt werden. Fast hundert Schmetterlingsarten ernähren sich im Raupen- und im Altersstadium von der häufigen Sal-Weide. Und im Mittelmeergebiet fressen die kletternden Ziegen gern Blätter und Rinde in kargen Sommermonaten, darum sind Ziegen immer so gut drauf, haben auch nie Kopfweh! So, jetzt reicht's aber, andere Gewächse haben auch noch ein Daseinsrecht.

So zum Beispiel die Lieblingspflanze meiner Freundin Steffi (immer noch – beides …): **Gewöhnlicher Beinwell** (*Symphytum officinale*), bis zu 100 Zentimeter wird er hoch. Ich probiere die Blätter, aber die sind leicht behaart, und das mag ich nicht so gern. Man möchte das Behaarte augenblicklich wieder ausspucken. Aber wenn man die jungen Blätter nimmt, hart im Nehmen ist und sonst nichts hat, kann man selbst Beinwellblätter als Gemüse zu Kartoffel- und Nudelgerichten dünsten. Und will man sie partout nicht ernten, so geben sie einem ein Grundgefühl: Verhungern werde ich nie. Selbst wenn ich mir ein Bein breche und im Straßengraben liege, brauche ich mich nur umzugucken: Um mich herum finde ich immer etwas zu essen. Drei, vier Tage kann man das aushalten. Man stelle sich vor, man wird nicht gefunden, kann den Arm kaum noch heben, die Autos rasen an einem vorbei, aber an Giersch, Löwenzahn, Wegerich und an diesen Beinwell kommt man doch noch heran. Mit letzter Anstrengung schiebt man sich diese Pflanzen in den Mund, bis man dann doch noch gerettet wird. Oder ein Hubschrauberpilot sieht einen aus der Luft. Alles ist möglich. Deswegen ist es gut, über Pflanzen Bescheid zu wissen, das hilft immer.

Der Beinwell blüht schmutzig-violett, manchmal weiß, aber vorwiegend violett. Er wird häufig Arznei-Beinwell genannt, mit einem Umschlag kann man ein ganzes Buch voller Krankheiten abdecken. Eine Kompresse beziehungsweise ein Beinwellbrei hilft gegen Blutergüsse, Muskel- und Gelenkbeschwerden, Prellungen, Zerrungen, Knochenbrüche, Brustdrüsen- und Venenentzündungen insbesondere in den Beinen. Der Wirkstoff Allantoin, der in den Wurzeln der Pflanze steckt, fördert die Wundheilung, er ist auch in der Pharmaindustrie in vielen Cremes zur Wundheilung enthalten.

Juhu, die **Rote Johannisbeere** (*Ribes rubrum*)! Auch wenn ich ein Buch über Kräuter schreibe, ich mag nun mal am liebsten Obst. Im Auto liegen manchmal ganze Bananenstauden herum, wenn ich zu Exkursionen aufbreche, vor allem bei heißem Wetter. Ich gestehe, ich bin ein Obstfan. Habe ich lange keine Obsttorte gegessen, kann ich ruckzuck sechs bis acht Stücke hintereinander verdrücken. Sie dürfen nicht zu trocken sein, sonst staubt es und man muss viel trinken. Die Stücke sollten richtig durchgezogen sein, nicht zu matschig, dann ist es perfekt. Mein Lieblingskuchen ist natürlich Kirschkuchen, ich esse aber genauso gerne Apfelkuchen, doch setzt man mir einen Käsekuchen mit Aprikosen vor, picke ich mir nur die Aprikosen raus, alles andere ist für die Spatzen. Eine Torte mit Roten Johannisbeeren überlasse ich aber niemandem.

Die Blätter kann man jung als Salat verwenden, die Frage ist nur, ob es schmeckt. Ich beiße auf ein Blatt – ich kaue nichts Besonderes heraus, der Geschmack ist ziemlich neutral. Die Blätter der Schwarzen Johannisbeere (siehe S. 101) schmecken im Gegensatz dazu richtig doll nach den Früchten.

Beide Beerenarten kann man auf diese Weise sehr gut auseinanderhalten, wenn noch keine Früchte zu sehen sind: Man reibt an den Blättern, und riecht es aromatisch, hat man die Schwarze Johannisbeere vor sich. Rote und Schwarze Johannisbeere wie auch Stachelbeere sind heimische Wildsträucher, die die Menschen erst vor gut 500 Jahren kultiviert haben. Von Natur aus sind sie in unseren Wäldern beheimatet, sie fallen aber nur selten auf, weil sie dort oft nicht blühen, und wenn doch, dann unscheinbar mit kleinen grünlich-rötlichen Glocken. Früchte werden auch schon mal gar nicht ausgebildet, zu schattig. Im Garten und aufgepäppelt mit ein bisschen Dünger, bilden sich Früchte in erntemäßigen Mengen. Rote Johannisbeeren enthalten die dem Aspirin ähnliche Salicylsäure, wirken also fiebersenkend und sind ein effektives Lebensmittel gegen Nieren- und Blasensteine.

Nur wenig weiter präsentiert sich die bis 120 Zentimeter hoch werdende **Große Klette** (*Arctium lappa*). Junge Blätter kann man

als Salatzusatz verwenden, aber nicht übertreiben, da sie ähnlich rau sind wie die vom Beinwell. Triebspitzen eignen sich als Gemüsebeigabe, für Pesto oder Kräutermischungen. Sprossen und Blattstängel kann man wie Spargel schälen und zubereiten. Auch die Wurzeln sind nutzbar: im Herbst und im Winter fein zerhackt in den Salat geben oder als zuckerschotensüßen Brei kochen, sehr nahr- und äußerst schmackhaft. Und liegt man in jenem berüchtigten Straßengraben und will noch fünfzig Jahre weiterleben, kann man die Wurzel, wenn man rankommt, auch roh kauen. Als Heilpflanze hat die Große Klette ebenfalls eine Bedeutung, so lässt sich aus den Wurzeln ein Tee zubereiten, der eine blutreinigende und harntreibende Wirkung hat. Ein solcher Aufguss soll unter anderem bei Hauterkrankungen, Nierensteinen sowie entzündlichen Erkrankungen der Schleimhäute im Mund- und Rachenraum hilfreich sein; legt man frische Blätter für eine Weile auf eine verletzte Stelle der Haut, unterstützt dies die Wundheilung.

Jetzt geht es den Syberg rauf, und ein weiterer Baum kommt in Sicht: die streusalzempfindliche **Rot-Buche** (*Fagus sylvatica*). Nicht nur die süßlich nach Mandeln schmeckenden und ölreichen Bucheckern, auch «Buchnüsse» genannt, sind essbar (sie haben einen Fettgehalt von rund 40 Prozent), auch das junge, seidig-weich behaarte, hellgrüne Buchenlaub kann man sich aufs Butterbrot packen; schmeckt leicht säuerlich (wie Sauerklee). Quarkspeisen und Suppen werden auch nicht schlechter, wenn man klein geschnittene Buchenblätter hinzufügt. In Norddeutschland aber nicht mehr nach dem 10. Mai, in Süddeutschland ist oft schon vor dem 1. Mai Schluss – die Natur ist im Süden meist weiter. Ebenso essbar sind die auffallend gefalteten, derben, dunkelgrünen Keimblätter.

Die Bucheckern sollte man nicht in großen Mengen zu sich nehmen, da sie den schwach giftigen Stoff «Fagin» sowie Blausäure enthalten, aber wenn man viele gesammelt hat, ergeben sie geröstet einen wunderbaren Kaffeeersatz – das Rösten baut auch die Giftstoffe ab. Buchenrindentee hilft bei Atemwegserkrankungen, ist antibakteriell und fiebersenkend. Die Holzkohle der Buche ist Bestandteil von vielen Präparaten, die gegen Krampfadern, Verdauungsbeschwerden und Herz-Kreislauf-Schwäche helfen sollen. Dabei hatte man lange Zeit angenommen, dass die Rot-Buche als Heilpflanze nicht viel hergibt. Hatte man früher überhaupt nichts zur Hand, so machte man eben aus den Blättern Umschläge. Hauptsache, es wurde etwas gemacht. Placebo lässt grüßen!

Hamburg

um den Hafenbahnhof an der Großen Elbstraße

Ich bin wieder zurück im Norden, und am 22. April mache ich mich auf von einer Hansestadt in die nächste, von Bremen nach Hamburg. Beim Fahren überlege ich mir mein Kräuter-Motto: Wir essen alles, was wir kennen, wir essen nichts, bei dem wir auch nur den leisesten Zweifel haben! Genau wie bei Pilzen. Kennt man eine gute Kräuterstelle, sollte man diese nicht verraten, ein Pilzsammler gibt schließlich auch niemals seine beste Champignonstelle preis. Am besten, man sammelt allein. Sobald nur zwei Menschen eine gute Stelle kennen, sind die Kräuter schnell gerupft – wenn nicht gleich sofort, dann später. Deswegen beim Sammeln immer so tun, als sei es gar nichts Besonderes …

Es ist sonnig, dabei kühl und windig. Ich parke westlich vom Altonaer Balkon auf Höhe des alten Hafenbahnhofs aus rotem Backstein. Eingezwängt steht das Gebäude zwischen modernen Bauten und zeugt von längst vergangenen Zeiten. Vorbeihastende Touristen und Radler würdigen es nicht im Geringsten. Schade. Ich bin aber auch nur bedingt bei der Sache, im Blick habe ich bereits die **Purpurrote Taubnessel** (*Lamium purpureum*). Optisch erinnert sie an eine kleine Brennnessel, aber es liegt ihr fern, dass man sich an ihr verbrennt (das verrät auch schon ihr Name), und sie blüht auffallend rosenrot von März bis November. Sie ist sehr dekorativ, jede Speise, jedes Gericht kann man aufwerten, wenn man mit ihren Blüten die Teller dekoriert. Doch als Deko-Pflanze hat sie noch längst nicht ihre Trümpfe ausgespielt. Sämtliche Pflanzenteile kann man jung (bis Mitte Mai) als Salat, in Suppen, Aufläufen und zu Fisch verwenden. Die Blätter schmecken aromatisch würzig mit einer Tendenz zu braunen Champignons, die hübschen Blüten haben einen süßlichen, fast honigartigen Geschmack. Auf Exkursionen bitte ich Kinder, das Süße aus dem Trichter zu saugen. Ein echter Straßenrandgenuss. Diese einjährige Taubnessel ist zudem eine alte Heilpflanze: Ein Tee aus Taubnesselblüten wirkt gut bei Erkältungskrankheiten (löst den Schleim) und Magen- und Darmbeschwerden. Dazu werden zwei Teelöffel Blüten mit 250 ml kochendem Wasser übergossen. Den Tee lässt man in einem geschlossenen Gefäß 15 Minuten ziehen. Mehrmals täglich wurde er früher frisch zubereitet, und man trank ihn schluckweise. Umschläge wurden einst eingesetzt, um Entzündungen und Hautreizungen zu lindern.

Blühende Konkurrenz zur Taubnessel ist das höchstens 15 Zentimeter hoch wachsende **Gänseblümchen** (*Bellis perennis*), ich liebe es, es blüht das ganze Jahr, selbst unterm Schnee. Die Blütenköpfe lassen sich in Fett braten und lauwarm auf einen Salat geben. Viel mehr braucht es nicht, denn zu viele Kräuter verderben den Brei, ähm, die Speise, man schmeckt dann kaum noch was heraus. Gänseblümchen schmecken leicht nussig-bitter, ich mag die Blätter und Knospen auch in Quarkspeisen oder lege sie mir unterwegs einfach nur aufs Butterbrot – das sieht nicht nur lecker aus, es mundet auch gut. Oft gehen wir achtlos am Gänseblümchen vorbei – da es so häufig vorkommt, nehmen wir die Pflanze als gegeben hin, dabei verfügt sie über besondere Heilkräfte. Ein Tee aus dem Gänseblümchen hat es nämlich in sich: Er kann Menstruationsbeschwerden lindern, krampf- und schmerzstillend wirken sowie bei Husten und Erkältungskrankheiten seine Stärke beweisen. Äußerlich eingesetzt als Kompresse helfen die Blüten gegen Pickel und kleine Wunden.

Nun wird es deftiger: Im nahen Umfeld offenbart sich im Saum von Gehölzen am Elbe-abhang die bis zu 120 Zentimeter schaffende **Knoblauchsrauke** (*Alliaria petiolata*), ein wahrer Menschenfreund unter den grünen Wilden, eine Pflanze, die dem Menschen folgt und ihm zuruft: «Bitte, sammle mich!» Sie zeigt sich mit ihren weißen Blüten als eines der ersten Kräuter im Frühjahr, und was ich ganz toll an ihr finde: Sie stinkt nicht wie Knoblauch, sie riecht eher dezent angenehm danach. Im Grunde mag ich keinen Knoblauch. Ich finde seinen Geschmack zu aufdringlich, esse ihn aber, weil er ja so gesund sein soll. Knoblauchsrauke ist für mich die wesentlich schönere Alternative, da die typischen Inhaltsstoffe von Knoblauch hier nur abgeschwächt vorkommen. Das etwas grob gekerbte Blatt einfach in den Mund legen (wer einen großen Mund hat, kann auch drei Blätter nehmen) – und schon ist man vitaminmäßig auf der richtigen Seite. Man kann die meist nur von April bis Mai blühende Rauke ganzjährig essen und als Würzmittel zu allen Speisen hinzufügen, denn neue Grundblätter finden sich das ganze Jahr über, sogar und gerade im Herbst und im Winter. Ich selbst bevorzuge Knoblauchsrauke auf einem «Bütterken» mit Käse und Wurst, Bekannte von mir verfeinern Butter und Quark damit. Von Juli bis August lassen sich die reifen Samen zu Senföl verarbeiten. Die Wurzeln schmecken scharf wie Meerrettich. Die Knoblauchsrauke hilft gegen Insektenstiche und Atemwegserkrankungen, hat eine blutreinigende, harntreibende und verdauungsfördernde Wirkung. Im Mittelalter stand die Pflanze als Würzmittel hoch im Kurs, weil sie erschwinglich war: Man brauchte sie nur draußen in der Natur zu suchen. Sie geriet wie der Bär-Lauch in Vergessenheit, als man sich teurere Gewürze leisten konnte.

Am Elbhang tummeln sich weitere Nutzkräuter, darunter in der prallen Sonne auch der bis zu 25 Zentimeter hohe **Spitz-Wegerich** (*Plantago lanceolata*). Der Schweizer Kräuter-Pfarrer Johann Künzle (man ist sich einig, dass er ein zweiter Sebastian Kneipp war) hat das Können dieser Pflanze so gut auf den Punkt gebracht, dass ich ihn zitieren möchte: «Verwendung findet der ganze Wegerich in all seinen Sorten, mit Wurzel, Kraut, Blüte, Samen. Er reinigt wie kein zweites Kraut Blut, Lunge, Magen, ist daher gut für alle Leute, die wenig Blut, schlechtes Blut, schwache Lungen, schwache Nerven, bleiches Aussehen haben, Ausschläge, Flechten produzieren oder ewig hüsteln, heiser sind, mager bleiben wie Geißen, selbst wenn man sie in

Butter hineinstellen würde. Er hilft schwächlichen Kindern auf, die immer trotz guter Kost zurückbleiben.» Ein Tipp noch von mir: Die zarten Knospen kann man in Öl dünsten oder wie Kapern in Essig einlegen. Ich habe mal einen Spitz-Wegerich-Tee ausprobiert, mit dem ich gurgelte, als Halsschmerzen im Anmarsch waren. Sie waren auf einmal weg (vielleicht habe ich sie aber auch nur einfach ignoriert, das kann gut sein). Was aber auf jeden Fall hilft: Blätter zerquetschen, wenn eine Biene, Mücke, Wespe, gar eine Hornisse gestochen hat oder wenn Sie sich geschnitten haben. Rund fünf Minuten muss der Saft in die Hautstelle einziehen – kein Jucken, kein Schmerz, keine Rötung, nichts – ein wahres Wundermittel!

Eine ganze Böschung direkt am alten Minibahnhof ist voll von **Japanischem Staudenknöterich** (*Fallopia japonica*), er kam schon in größeren Beständen an der Lesum in Bremen vor. Und da er alles dicht macht und ein beeindruckend schnelles Wachstum

hat, wird er als «Monster» gefürchtet und in letzter Zeit gebiets-
weise auch massiv bekämpft. Weil seine jungen Blätter und Stängel
essbar sind, breche ich hier mal eine Lanze für diese sonst so ver-
teufelte Art. Dabei hat man sie als Zierpflanze hierher geschleppt,
von ganz allein ist sie nämlich nicht aus Ostasien einmarschiert!
Die hohlen Sprosse sollten bis Mitte Mai geerntet werden, sie
schmecken herrlich sauer wie Rhabarber. Man kann sie essen, um
den Speichelfluss anzuregen, aber eben auch wie Rhabarber mit viel
Zucker zubereiten. Ich liebe die salzige Variante: mit Mett gefüllt
wie eine Kohlroulade oder pur in Fett gebraten. Die Pflanze hat in
Ostasien eine weite Verbreitung als Heilpflanze gegen Entzündungen, Blutgefäß-, Haut- und Pilzerkrankungen. Dafür bereitet man
Umschläge aus zerquetschten Blättern zu.

Ein Mann in meinem Alter winkt mir zu, aus einer Tupperdose,
die – sehr irritierend – meiner gleicht, holt er ein Butterbrot hervor.

«Hier, sehen Sie das?», fragt er. «Das ist der **Wiesen-Kerbel**, lateinisch *Anthriscus sylvestris*. Kennen Sie ihn?» Noch immer verwundert nicke ich, dabei schaue ich mir den Mann genauer an, Wolfskin-Outdoorjacke, Jeans, derbe Stiefel. Etwa ein Doppelgänger, einer, der so aussehen will wie ich? Ich kann mir nicht vorstellen, dass jemand das möchte.

«Ja, den kenne ich», sage ich. «Der macht was her. Man isst nur die jungen Blätter von ihm, sie schmecken leicht nach Mohrrübe. Zupfen Sie ruhig ein paar davon ab und legen Sie sie auf Ihr Butterbrot. Aber nicht zu viel davon nehmen, soll nicht so gut sein. Und die würzigen Samen der Dolden können Sie von Juli bis August wie Kümmel verwenden.»

«Interessant. Aber sind Sie sicher, dass Sie ihn nicht mit dem giftigen Schierling verwechseln? Die sehen sich doch verdammt ähnlich.»

«Eigentlich nicht. Die Blätter beim Wiesen-Kerbel sind zwar auch stark gefiedert, aber von frischgrüner Farbe und mit leichtem Möhrengeruch. Die vom Schierling sind blaugrün und riechen unangenehm. Der Wiesen-Kerbel blüht meist bis zu vier Wochen vor dem insgesamt viel selteneren Schierling. Dieser erhebt sich zur Blüte auch noch einmal nach einer Mahd, was der Wiesen-Kerbel unterlässt. Außerdem stinkt der Schierling auch in der Blüte, was der Wiesen-Kerbel nicht tut. Der nur bis 1,20 Meter hohe Wiesen-Kerbel hat einen gerieften, behaarten, mattgrünen Stängel, der des bis über zwei Meter hohen Gefleckten Schierlings ist kahl, glatt und oft von violett-rötlicher Farbe – ganz ehrlich: Beide trennen schon rein äußerlich gesehen Welten!»

«Na dann», sagt der Mann. Er pflückt ein paar frische Wiesen-Kerbel-Blätter, drückt diese aufs Butterbrot, damit der Wind sie nicht davonträgt, dann reicht er mir die Stulle. Als ich sie in Händen halte, will ich mich noch bedanken, aber er hat sich schon entfernt. Vielleicht will er ja noch was Zünftigeres an den vielen Fischbuden unten am Hafen ergattern.

Hannover

im Stadtwald Eilenriede

D as Frühjahr ist die Hauptzeit für Kräuter, deswegen mache ich mich schon am nächsten Tag wieder auf den Weg – mein Ziel ist dabei der Stadtwald Eilenriede mitten in der niedersächsischen Landeshauptstadt, *das* hannoversche Naherholungsgebiet, rund 640 Hektar ist der Wald groß. Heute bin ich aber nicht extra wegen der Kräuter hier, sondern bin eigentlich nur so zu Besuch. (In Hannover habe ich in den Achtzigerjahren Landespflege studiert und bis 1994 hier gewohnt.) Gleich hinter der Musikhochschule am Emmichplatz spaziere ich in den Wald hinein, das Wetter ist wie gestern in Hamburg, sonnig und kalt.

Um 1985 gab es den 20 bis 40 Zentimeter hohen **Seltsamen Lauch** (*Allium paradoxum*) fast nur am westlichen Waldzipfel, schon damals aber in riesigen Mengen. Heute ist er überall zu finden, im Nordosten und im Süden noch vergleichsweise spärlich, aber immerhin. Man kann sagen, der Seltsame Lauch, wegen seines eigenartigen, winkelig gestielten Blütenstands so genannt, hat die gesamte Eilenriede förmlich überrannt – seltsam ist da gar nichts mehr. So eine tolle Pflanze, sie hat etwas breitere Blätter als andere Laucharten und ganz komische weiße Blüten. Diese sitzen an langen Stielen und sehen aus wie Signale bei der Eisenbahn, wenn sie auf Stopp stehen. Die Pflanze wird auch Wunder-Lauch oder Berliner Lauch genannt, stammt aus dem Kaukasus und überschwemmt seit langem auch in Berlin flächendeckend Krautschichten von Laubwäldern und alten Parks.

Ich probiere mal ein Blatt: Es hat den typischen Lauchgeschmack, ist aber milder als Bär-Lauch. Das Wasser läuft mir im Mund zusammen, ich stelle mir gerade ein Nudelgericht mit Schinken und einem Pesto aus dem Seltsamen Lauch vor. Ich sollte mal Alfons Schuhbeck oder Johann Lafer fragen, ob sie mich als Kräuter- und Gewürzexperte brauchen. Obwohl – mit dem Pinneberger Tim Mälzer würde ich bestimmt besser klarkommen. Der nimmt es ja eher nicht so genau, streut einfach die Kräuter übers Gericht, wie es ihm grad gefällt, während etwa Schuhbeck ganz genau Maß nimmt: ein halbes Lorbeerblatt hier, ein Gramm Koriander da und drei Chiliflocken dort.

Der Lauch drängelt sich nicht nur durch deutsche Lande, er will wohl auch noch, dass unsere Ärzte arbeitslos werden. Seine heilende Wirkung ist enorm, er macht seinem Zweitnamen Wunder-Lauch alle Ehre: Wirkt positiv auf Blutkreislauf, Darm und Magen, hilft bei Verdauungsbeschwerden, indem er eine erkrankte Darmflora heilt und regeneriert. Der hohe Anteil an Allicin, ein natürliches Antibiotikum, tötet fremde Darmpilze ab. Auch senkt der Wunder-Lauch Blutdruck und Cholesterinspiegel. Des Weiteren regt er den Appetit an und ist reich an Vitamin C und ätherischen Ölen, die die Funktionen von Galle und Leber unterstützen sowie den Fettstoffwechsel regulieren.

Weitergehen ist unnötig, der Lauch hat fast den kompletten Wald im Griff. Aber eins ist doch kurios: Im ganzen Bremer Pflanzenreich, von Cuxhaven an der Nordsee bis runter nach Nienburg an der Mittelweser, gibt es (bisher) weit und breit nicht einen einzigen derzeit bekannten Standort vom Seltsamen Lauch – ganz im Gegensatz zum Bär-Lauch!

Hannover hat herbar natürlich noch viel mehr zu bieten, ich belasse es hier heute aber mal bei einer One-Kraut-Show.

Bremen

am Hastedter Osterdeich

Zwei Tage später, am 25. April, wache ich aus einem Lauch-Traum auf. Alle Lauch-Arten schwirren vor mir umher, ich werde mit einem anderen Jürgen verwechselt, noch schlimmer für einen Botaniker: Ich verwechsle den einen Lauch mit dem anderen. Und der größte Schreck ist der, ich habe doch noch den mundigen **Kohl-Lauch** (*Allium oleraceum*) vergessen. Wie konnte ich nur! Aber ich weiß, wo er wächst, sogar in Bremen, am Osterdeich, und zwar in großen Mengen. Noch so eine One-Kraut-Show!

An mehreren Straßenböschungen unweit vom Weser-Stadion unter altem Bergahorn-Bestand begrüßt er mich, als hätte er schon gewartet. Seine dunkel blaugrünen, ja, fast düsteren Blätter haben es an sich, denn sie sind im Gegensatz zu vielen anderen Lauchblättern ganz flach ausgebildet, wie eine Skispur. Die hellvioletten bis weiß-rötlichen Blütenstände erscheinen dagegen erst im Juni / Juli. Sie sehen immer aus wie Struwwelpeter oder wie ein «wütendes Mädchen» … Er schmeckt mild, längst nicht so scharf wie Schnitt- oder Weinberg-Lauch, mehr in Richtung Seltsamer Lauch. Bis Juni können die Blätter wie Schnitt-Lauch verwendet werden, also frisch, denn beim Kochen verlieren sie ihren Geschmack. Klein geschnitten auf Käse oder über Nudelaufläufe streuen, mit Quark verrühren oder für die Frankfurter Grüne Soße verwenden, zu der noch sechs weitere Kräuter gehören: Borretsch, Kerbel, Kresse, Petersilie, Pimpinelle und Sauerampfer. Die Früchte und Blüten vom Kohl-Lauch nimmt man als Würzbeigabe. Die Zwiebel sollten Kochfans im Elbe-, Ems- und Wesertal im Boden lassen, denn die Art ist im Norddeutschen Tiefland gefährdet. In der Volksmedizin ist der Kohl-Lauch als blutreinigend, entzündungshemmend und als bewährtes Wurm-mittel bekannt.

Einige Lauchblätter stecken in meiner Jackentasche, jetzt wird erst mal ordentlich gefrühstückt. Mein Unterbewusstsein hat sich wieder beruhigt.

Winsen (Aller)

nordwestliche Eichen-
und Kiefernwälder

Nach einem botanisch interessanten Frühlingsaufenthalt fahre ich – noch mal zwei Tage später – von der Allerstadt Celle (mit dem genialen Französischen Garten, alljährlich ergötzen mich da Millionen Wiesen-Gelbsterne und vor allem Abermillionen Wilde Tulpen) entspannt wieder gen Bremen durch die niedersächsische Provinz. Es geht nördlich der Aller über die Dörfer Boye und Stetten durch das Kleinstädtchen Winsen. Letzteres ist in den vergangenen Jahren bekannt geworden durch den Tennisspieler Dustin Brown, der mit den wilden Rastazöpfen, der auch mal einen Rafael Nadal oder gar Roger Federer besiegt

hat! Nordwestlich von Winsen folgen öde Kiefernforste, letzte Heide-Wacholder stehen traurig und wenig vital am Straßenrand, allerletzte Zeugen der weit zurückliegenden, weit- und weltoffenen «Heidezeit». Öde? Nein, doch nicht ganz! Mich interessiert auch mal, was an diesem 27. April auf trockenen und nährstoffarmen Sandböden so zu finden ist.

Schon vom fahrenden Auto sieht man zahlreiche Exemplare der **Kupfer-Felsenbirne** (*Amelanchier lamarckii*), wie lokal eingeschneit im Kontrast zu düsteren Kiefern. Ein hübscher, robuster Strauch, der bis zu sechs Meter hoch werden kann und im Herbst kupferrote Blätter bekommt. Dicht an dicht sitzen die weißen Blüten, aus denen sich im Sommer die Früchte entwickeln. Sie sind heidelbeergroß, und die Vögel haben sie zum Fressen gern, insbesondere Drosseln und Tauben. Schon fast noch unreif, im pinkfarbenen Zustand, werden sie abgerupft, so gierig stürzen sich die Vögel auf die saftige Süße. Sind noch ein paar blau-schwarze Birnchen übrig, sollten Sie diese unbedingt pflücken, denn sie haben einen leichten Marzipangeschmack, der gut in Joghurts oder Müslis kommt. Ein Blechkuchen mit Felsenbirne ist ein Genuss (und eine Abwechslung im Obstangebot). Getrocknet kann man sie wie Korinthen oder Rosinen verwenden. Korinthen können Sie da ruhig wörtlich nehmen, denn als der Strauch aus Nordamerika erstmals in Deutschland kultiviert wurde, nannte man die Früchte «Ostfriesische Korinthen», womit geklärt ist, wo die Felsenbirne erstmals etabliert war. Die Birnchen schmecken nicht nur super, sie machen auch wegen wertvoller Inhaltsstoffe von sich reden: reich an Mineralstoffen (Kalium, Magnesium, Kalzium, Eisen und Phosphor) und

Vitamin C. Hätte ich einen eigenen Garten, die Kupfer-Felsenbirne wäre ganz sicher dabei!

Die Heide würde ihrem Namen kaum gerecht ohne die 30 bis 60 Zentimeter hohe **Heidelbeere** (*Vaccinium myrtillus*). Als Kinder haben wir uns damit die Bäuche vollgeschlagen, die Lippen so was von blau, vorbeigehende Wanderer mussten denken, dass wir zu Hause nichts zu essen bekommen. Wir waren aber nur verfressen, und Naturbeeren waren und sind schlichtweg göttlich. Die Heidelbeere würde sich nie in Städte und Ortschaften trauen, sie haut sofort ab, wenn es ihr zu unruhig wird, urbanophob nennen wir Botaniker so etwas. Hundetritte sind ihr ein Grauen. Fruchtreife ist im Juli und August, verwendbar sind die prallen, saftigen, dunkelblauen Beeren, im Plattdeutschen auch Bickbeeren genannt, roh oder in cremigen Desserts. Man kann aus ihnen Marmelade machen oder Säfte, ebenso Wein und Schnaps. Blüten, getrocknete Beeren und Blätter mit heißem Wasser übergossen, ergeben einen antibakteriellen Tee gegen Durchfall, Kreislaufbeschwerden, Diabetes, Blasen- und Harnwegleiden. Frische Beeren helfen bei Durchfall, getrocknet gegen Verstopfung. Es gibt sogar regelrechte Blaubeerjahre, 2014 war wie auch 2016 so ein Jahr, 2015 war es im Norden dagegen zappenduster um diesen Fruchtstrauch bestellt. Er hasst Frühjahrstrockenheit, drum verzieht er sich am liebsten in den Halb- bis Ganzschatten.

Noch eine dritte Art ist in der Celler Heide zu finden, natürlich wieder eine Beere, die **Preiselbeere** (*Vaccinium vitis-idaea*). Ich wage jetzt mal eine kühne Prognose: Der Landkreis Celle ist der deutsche Preiselbeeren-Landkreis schlechthin! So finden Sie diese woanders eher seltene, wintergrüne Art flächendeckend in den Beerstrauch-Kiefernwäldern nördlich der mittleren Aller. Ihre korallenroten Früchte (ab August reif) sind im Geschmack wohl süß, aber herber und saurer als die Heidelbeere (und auch nicht so saftig). Roh mögen sie deshalb nur wenige, weil sich der Mund dabei herrlich zusammenzieht. Doch eingemacht als Kompott werten sie jedes Wildgericht auf. Bestellt man in Süddeutschland ein Schnitzel, wird dazu oft ein kleines Schälchen mit Preiselbeerkompott gereicht. Das esse ich natürlich erst zuletzt, das ist wie mit Salat zu Pommes! Wegen der Säure hat die Beere einen sehr hohen Gehalt an Vitamin E und C. Ein Tee aus Preiselbeerblättern hilft bei Blasenentzündungen und anderen Harninfekten (Bakterien haben keine Chance mehr, sich in dieser Körperregion einzunisten), er wird aber auch bei Rheuma und Gicht empfohlen. Schon im 12. Jahrhundert hat die heilige Hildegard von Bingen die Preiselbeere als Heilpflanze bei «schmerzhaftem Monatsfluss» der Frau empfohlen. Ich liebe Preiselbeeren über alles, aber nicht wegen der Früchte im Herbst – vor allem im Winter in dann karger Heidelandschaft, wenn der Blick sich besonders nach Grünem sehnt, ist die immergrüne Preiselbeere im Kontrast zu den dann längst abgewrackten Heidelbeeren ein echtes Trostpflaster.

Ich werfe noch einen letzten Blick über die Südheide, einige große Truppenübungsplätze gibt es hier (mit gaaanz viel Heide!). Dann kehre ich zum Auto zurück, etwas traurig: Hier gibt es momentan noch nix zum Schnabulieren. Wäre ich jedoch erst im letzten Herbst hergekommen, dann hätten Sie dieses Buch nicht jetzt schon im Frühjahr lesen können, um dann sofort mit dem eigenen Sammeln zu beginnen.

Edermünde

im Nordhessischen

Bis vor wenigen Jahren noch «fernes Ausland», muss ich in der jüngsten Vergangenheit nun öfter die A7 «runter», es geht dann nach München, Würzburg, Frankfurt, Karlsruhe, in meinen geliebten «Mainzer Sand» oder auch mal in den entfernten Kaiserstuhl. Die sogenannten Kasseler Berge sind mir dabei immer ein Graus, meine Kiste schleppt sich dann mit gerade mal 100 Sachen die steilen Hänge hinauf. Ganz schlechte Karten hat man, wenn man hinter einem Lkw herzuckelt, der da geschwindigkeitsmäßig regelrecht abstirbt. Dann macht auch mein Škoda schlapp, und ich wünsche mir in dieser Situation immer Flügel. Andere fetzen mit 130, 150 Klamotten an einem vorbei, wechseln die Fahrspuren wie irre, scheren ein und wieder aus. Diesen Sprintern hätte man längst mal das Handwerk legen sollen, 120 km/h höchstens überall – basta!

Der Tag heute (29. April) ist wie viele Apriltage zuvor ein Gemisch aus Sonne und Wolken, nicht kalt, aber auch noch nicht warm. Mal wieder steht mir die Ausfahrt Edermünde bevor. Edermünde? Da müsste doch was sein! Wo Eder und Fulda sich küssen, muss die Fulda zwar nicht ihren Namen büßen, aber da sollte es doch ein lauschiges Plätzchen geben. Und richtig: Ich kann hier ganz einsam am baumbestandenen Zusammenfluss von Eder (176 Kilometer lang) und Fulda (220 Kilometer) sitzen. Acht dicke Butterbrote habe ich diesmal bei mir, ich habe also die Hoffnung auf eine reiche Ausbeute. Butterbrote sind unschlagbar, aber mit ein bisschen Pfiff obendrauf, steigen sie noch im Ranking. Mal sehen, was sich heute für Abwechslung bietet.

Die kleine Purpurrote Taubnessel war mir ja schon vergönnt (siehe S. 55), nun blinzelt mir ihre große Schwester entgegen, die **Weiße Taubnessel** (*Lamium album*), schon viele Meter vor dem Ziel ist mal wieder Erntezeit. Die Blüten produzieren eine Menge süßen Nektar (mit bis zu 42 Prozent Zucker), weshalb sie nicht nur von Kindern, sondern ebenso von Hummeln sehr geschätzt werden. Ob purpurrot oder weiß, alle Taubnesseln können das ganze Jahr über verzehrt werden, von den Blättern bis zu den Blüten. Sie schmecken auch ähnlich und sind nahezu identische Heilbomben mit Kalzium, Eisen, Kalium, Magnesium, Phosphor und Zink.

Und als hätten sie sich, besser wir uns, hier verabredet, in unmittelbarer Nähe hat sich noch eine dritte Taubnesselart einen Platz erobert: die **Gefleckte Taubnessel** (*Lamium maculatum*). Eine Auenwaldart, ein Lehm- und Nährstoffzeiger. Sie macht sich mit ihren gefleckten rötlichen Blüten gegenüber den beiden anderen Arten etwas rar. Frische Taubnesselblätter stillen Blutungen und fördern die Heilung, mit einem Absud aus abgekochten Blättern und Blüten lassen sich Entzündungen im Mund- und Rachenraum behandeln. Mehrmals täglich gurgeln oder damit spülen.

Aber nun genug der tauben Nesseln, jetzt kommt

die Gefahr, eine richtige Nessel, die **Große Brennnessel** (*Urtica diocia* ssp. *dioica*), jeder hat schon unliebsame Bekanntschaft mit ihr gemacht – einmal falsch zugegriffen, und es brennt noch Stunden später. Was darüber vergessen wird: Die Brennnessel ist Heil- und Lebensmittelpflanze in einem und hat einen fantastischen Geschmack und siebenmal so viel Vitamin C wie Orangen, bis zu viermal so viel Eisen wie ein Rindersteak und sogar Unmengen von Eiweiß. Damit man diese gehaltvolle Pflanze essen kann, muss man sie beim Ernten mit dicken Handschuhen anfassen und anschließend in der Küche mit einem Nudelholz bearbeiten oder zwischen zwei Holzbrettern zerdrücken. Dadurch lösen sich die Brennhaare an den frischen Pflanzenteilen und man kann diese problemlos verwenden. Feinschmecker wissen, was sie an Brennnesseln haben: Sie mögen Brennnessel-Suppe, Gnocchi mit gebratenen Brennnesseln, Brennnessel-Risotto oder Brennnessel-Smoothies. Ein Tee aus Brennnesseln kann bei einem ganzen Katalog von Beschwerden eingesetzt werden: bei Arthrose, Blutarmut, chronisch entzündlichen Darmerkrankungen, Gallenproblemen, Harninfektionen und bei Impotenz. Trotzdem suche ich heute nur nach krautigen i-Tüpfelchen für meine Brote.

Mehr Beachtung bekommt seit langem auch die **Vogelmiere** (*Stellaria media*), die seit Wochen entzückende kleine hellgrüne Teppiche macht und das ganze Jahr über blühen kann. Als Salatpflanze übertrifft sie mit ihren Inhaltsstoffen jeden gewöhnlichen

75

Kopfsalat. Die Blätter schmecken mild, sogar Kinder, Kaninchen, Schildkröten und die beiden Papageien meiner Eltern mögen die Vogelmiere. Man kann sie wie Spinat zubereitet auf eine Pizza legen oder Rinderrouladen damit füllen, als Aufstrich erhalten Butterbrote einen neuen Geschmack, im Salat sind sie ebenfalls gut zu verwenden. Was man alles mit der Pflanze machen kann – unglaublich. Dabei ist sie klein, jedoch häufig. Und die Heilwirkungen sind nicht ohne: Pfarrer Kneipp empfahl die Pflanze als Tee bei Lungenleiden, Husten und Hämorrhoiden, auf den Körper insgesamt hat ein solcher Tee eine reinigende Wirkung. Äußerlich hilft Vogelmiere bei starkem Juckreiz, Verbrennungen, Wunden, Geschwüren und entzündeten Augen. Wer hätte das gedacht! Jetzt esse ich immer wieder mal davon …

Die unmittelbare Nachbarin, das hellviolett blühende **Wiesen-Schaumkraut** (*Cardamine pratensis*), ist würziger als die Vogelmiere, wer kennt diese Pflanze nicht? Blätter, Blüten und junge Sprosse sind roh oder gekocht bis Mitte Mai verwertbar. Kräutersuppen und Frischkäse fallen mir ein, als ich die Blätter teste (schmeckt ein wenig wie Brunnenkresse), auch ein simples gekochtes Ei gewinnt dadurch. Blütenknospen kann man zu Pesto verarbeiten, Stängel geben Aufläufen und Gemüsegerichten eine neue Geschmacksnote. Die Pflanze enthält Bitterstoffe, Senföl und Vitamin C, getrocknete Samen kann man wie Pfeffer nutzen. Ein Tee aus getrockneten Blüten und Blättern des Wiesen-Schaumkrauts lindert Rheuma und andere Schmerzen und besitzt insgesamt reinigende, krampflösende, hustenlösende und kräftigende Eigenschaften. Das schöne, 15 bis 60 Zentimeter hohe Wiesen-Schaumkraut ist leider vielerorts auf dem Rückzug, ein Düngerflieher – und auch hier um Edermünde muss man nach ihm schon etwas suchen.

Ich setze mich unter einen der Bäume nahe am Wasser und packe jetzt meine mitgebrachten Brote aus; dann lege ich Weiße und Gefleckte Taubnessel, Vogelmiere und Wiesen-Schaumkraut darauf. Auch die Brennnessel verschmähe ich nicht, und tatsächlich brennt mir doch danach etwas die Schnute. Am liebsten würde ich diesen Platz und auch diese tollen Wildkräuter richtig lobpreisen. Aber anders als an der Bremer Mülldeponie oder im Park kommt hier so schnell gar keiner vorbei. Nur Buchfink, Heckenbraunelle, Mönchsgrasmücke, Zilpzalp und einige Feldhasen finden es ebenfalls ganz prima, in der Ferne lacht sich ein Grünspecht kaputt.

Bensheim

mit dem Schloss Auerbach

Mittag ist schon vorbei, aber immer noch ist der 29. April – es zieht mich weiter, inzwischen die Hessische Bergstraße entlang, die Ortschaften liegen hier wie Perlen an einer Schnur. Sonst fahre ich meist fast achtlos die A3 Richtung Karlsruhe und Mannheim entlang, den Blick eher gerichtet auf den bewachsenen Autobahnmittelstreifen als auf den parallelen Odenwald zur linken Hand. Die Sonne strahlt, diesmal richte ich meine Augen auf die Landschaft, die mich umgibt! Gut gelaunt und wildkräutertechnisch noch bestens gestärkt schaue ich mir die blühenden Obstbäume an, am exponierten Rand des Odenwalds werden einmal dicke Trauben an den vielen Rebstöcken hängen, und in den Rheinauen wird gerade Spargel gestochen oder man kümmert sich um anderes dort angebautes Gemüse.

Für meine Kräutersuche begebe ich mich vom Ort Bensheim mit seinen rund 40 000 Einwohnern zum Odenwald hinauf aufs Schloss Auerbach – eigentlich eine Ruine, einst aber eine mächtige mittelalterliche Trutzburg. Wie jede Burg musste sie den Stürmen der Geschichte trotzen, heute wird sie nur noch von Geistern bewohnt, und zur Walpurgisnacht am 30. April – o Gott, das ist ja schon morgen – treffen sich hier, verabredet übers Internet, die Hexen. Die würden sich bestimmt freuen, wenn sie sähen, wie ihr altes Kräuterhandwerk weiterlebt. Weitergelebt hat aber vor allem eine sehr alte Wald-Kiefer (*Pinus sylvestris*), die im Norden der Burganlage in luftiger Höhe direkt auf einer der vielen Mauern steht und daher von allen Besuchern bewundert wird – sie scheint hier oben nur von Luft und Liebe zu existieren.

Und schon gibt es an den krautreichen Böschungen und an den Wegen ein Hexenkraut zu entdecken, den bis 40 Zentimeter hoch wachsenden **Kriechenden Günsel** (*Ajuga reptans*), der immer wie eine blau blühende Orchidee daherkommt. Für ihn würde ich auf einem Besenstiel dem Sonnenuntergang entgegenreiten … Ein ganzer Teppich liegt vor mir, ein Gedicht. Ich koste: Er schmeckt herb-würzig-bitter und erinnert mich ein wenig an Chicorée. Gedünstet gehört er in Gemüse-, Kartoffel- und Nudelgerichte, ebenso in ein Omelett oder deftige Eintöpfe. Die Triebe kann man in Kräutersoßen und als Salatgewürz verwenden, die blauen Blüten zwischen April und Juni als essbare Deko für Süßspeisen oder Obstsalate. Stängel und Blüten gießt man zum entzündungshemmenden Tee bei Halserkrankungen auf, ein Aufguss hilft auch bei Gallenleiden, Magengeschwüren und Rheuma. Abführende, antibakterielle, blutdrucksenkende und wundheilende Eigenschaften kommen hinzu. Zerquetschte Blätter lindern Insektenstiche, Kompressen Quetschungen. Falter und Hummeln lieben die Pflanze ebenfalls, und da sie im Grünland abnimmt, sollten Sie diese Krabbelpflanze in einem verwilderten Teil Ihres Gartens auch mal aussäen.

Noch sind ja keine Früchte zu sehen, aber auch sie blüht in Südhessen schon: die bis 20 Zentimeter hoch wachsende **Wald-Erdbeere** (*Fragaria vesca*). Die leicht säuerlich schmeckenden Blätter kann man bis Mai als Gemüse-, Pesto-, Salat- und Quarkbeigabe nutzen. Die Beeren im Juni bis Juli (Scheinbeeren, es sind Sammelnüsse) sind eine wunderbare Nahrungsergänzung für jeden Spaziergänger. Ich bin im Juli geboren, deswegen weiß ich das so gut, und Anfang Juli laufen auch immer die Wimbledon-Championships, Erdbeeren mit Sahne gehören für mich dazu – wobei man lange suchen und sich bücken muss, um eine Handvoll Wald-Erdbeeren aufzuklauben. Manche schaffen es sogar, einen ganzen Tortenboden damit zu belegen. Alle Achtung, die Geduld hätte ich nicht. Die Wald-Erdbeere wächst nicht überall, sie bevorzugt besseren Boden, dann auch flächendeckend. Aus ihren Blüten, Blättern und Früchten lässt sich ein wertvoller Tee zubereiten, dem eine günstige Wirkung bei Ausschlägen und Nierenleiden zugeschrieben wird. Bei Hals-, Mund- und Rachenentzündungen gurgelt man ihn, er hilft bei Durchfall, ist blutreinigend und harntreibend. Die Beeren sind kleine Helfer mit großer Wirkung bei Arthritis, Fieber, Gicht, Herzbeschwerden, Nierensteinen und bei Verstopfung, sie können Gallen-, Haut- und Nierenleiden kurieren. Eine richtige Allzweckwaffe ist diese niedliche Wald-Erdbeere.

Nun komme ich dem häufigen **Waldmeister** (*Galium odoratum*) näher, Steffi hat ihn auch in ihrem Sommergarten, und daher hatte ich ihn schon auf meinem inneren Zettel. Er duftet herrlich

zart und unverwechselbar aus seinen kleinen weißen
Blüten (der Duftstoff Cumarin ist dafür ver-
antwortlich), er ist aber auch ein Laub-
waldtarzan mit seinen vielen Ausläufern
(nicht jeder Tarzan braucht also einen
Dschungel). Geerntet werden die
oberen drei bis vier Blattquirle, die
dann ein, zwei Tage trocken gela-
gert werden. Im noch nicht ganz
trockenen Zustand gibt man etwa
drei Gramm Blattmasse pro Liter
und Kilogramm in Kräuterbowle,
Spirituosen, Milch- oder Süßspeisen (Pudding, Sorbets, Eiscremes).
Schmeckt aber ebenso zu Gerichten mit
Huhn oder zusammen mit Ziegenkäse. Ein
Tee aus den Blättern (1 TL auf 250 ml Wasser) ist krampflösend, leber- und magenstärkend.
Außerdem wird Waldmeister in Präparaten gegen Durchblutungs-
störungen und bei Venenleiden verwendet. Waldmeisterwein und
getrocknetes Kraut in Kräuterkissen sollen gegen Schlafstörungen
helfen, zerriebene Blätter bei Insektenstichen und kleinen Schnittwunden. Cumarin ist übrigens in hoher Dosis stark giftig und wird
gegen Wühlmäuse eingesetzt, für Hunde sind schon weniger als ein
Gramm Waldmeister pro Kilogramm Körpergewicht tödlich. Die
Wurzel färbt rot, deswegen wurde die Pflanze früher auch Herz-
freude oder Steinleberkraut genannt.

Von Bensheim an bis kurz vor Erreichen der Hexenburg ist das
Revier des stark in Zunahme begriffenen **Mauerlattichs** (*Myce-
lis muralis*). Wegränder, Mauerfüße, Mauerkronen, selbst Keller-
schächte und dunkle Hinterhöfe in Großstädten verachtet er nicht.
Ein junges Blatt schiebe ich zwischen meine Zähne, irgendwie

schmeckt das jedes Mal bitter. Eine große kulinarische Leidenschaft kann ich daher für den Mauerlattich nicht entwickeln, für ihn würde ich mein Butterbrot nicht opfern. Ganz anders ist es dagegen, wenn er zeitig seine schönen, blaugrünen, grob gesägten Blätter, seine vielen Blüten sowie seinen Fruchtstand entfaltet – alles ganz prima anzusehen! In einem kräftigen Erbsen- oder Kartoffeleintopf kann er kein Unheil anrichten, man kann ihn in Bratlingen verbraten, ebenso in einem Kräuterquark. Die Blüten, die im Sommer gelb leuchten, gefallen mir besser, denn sie kann man wie Kapern einlegen – und Kapern liebe ich. Die Blütenköpfe geben weiterhin eine schöne Tellerdeko ab. Ein Tee aus Blättern und Blüten soll bei Erkältung und Husten helfen, einst legte man eine Mauerlattich-Kompresse auf Schlangenbisse. Ich denke, die Betonung liegt da auf dem Wort «einst».

Weinheim

an der Badischen Bergstraße

Immer weiter zieht es mich an diesem sonnigen 29. April nach Süden. Langsam geht es in den Spätnachmittag und gleichzeitig von der Hessischen in die Badische Bergstraße über. Nachdem ich Weinheim durchquert habe, möchte ich wieder in den östlich angrenzenden Berg «reinfahren», ich bin nämlich auch ein Freund enger Bachtäler. Richtung Birkenau werde ich fündig. Nicht weit entfernt ist ein riesiger Porphyr-Steinbruch zu sehen, an mehreren Fabrikruinen bin ich vorbeigefahren (würde ich sofort alle unter Denkmalschutz stellen!), mehrere Bahntunnel gibt es hier. Weinheim war jahrzehntelang Wohnort von Fußball-trainer Sepp Herberger. Hier liegt er auf dem Friedhof im Stadtteil Hohensachsen begraben, obwohl er in Mannheim geboren wurde und 1977 auch in Mannheim starb. Das «Wunder von Bern» 1954 ist mit ihm verbunden.

Als ich losmarschiere, bekomme ich langsam wieder Hunger. Wie lecker wäre jetzt eine Bochumer Schlemmerplatte, die Ruhr-gebietsbezeichnung für Currywurst mit Pommes rot / weiß. Dazu eine kalte Cola. Der Bremer Overallträger hat mir einen Floh ins Ohr gesetzt. Es ist ja eigentlich ungesund, aber ab und zu ist eine solch fulminante Speise nicht zu verachten – in Geselligkeit, abends in der Dämmerung, nach tollen Pflanzenfunden, bei der Pflanzen-nachbestimmung und einem Vogelprotokoll, im September beim Quaken des Laubfrosches aus Dachrinne und Altlinden: an einem meiner Lieblingsplätze im Lindenkrug im fernen Wendland in Nordostniedersachsen. Um mir meine Sehnsüchte auszutreiben, stelle ich mir einen Imbisswagen vor, von dem ein übler Fettgeruch ausgeht. Richtig übel. Und ich müsste über Nacht direkt daneben im Auto schlafen. Auf einmal denke ich an Bad Oeynhausen, als Neunzehnjähriger habe ich im hiesigen Spielcasino mal 100 Mark verjubelt. Danach betrat ich nie wieder ein Casino. Wie komme ich da jetzt nur drauf? Das Gehirn ist ja eigenwilliger als ich. Aber ich habe immerhin noch ein paar der derben Butterbrote, die reichen bis morgen!

Jetzt konzentriere ich mich aber auf die Gewächse in meiner Umgebung: Richtig eigensinnig sieht das an sich giftige **Schöllkraut** (*Chelidonium majus*) aus. Es blüht gelb, ist ein Mohngewächs und wurde früher auch Schwalbenwurz genannt, weil Blühbeginn und die Rückkehr der Schwalben zusammenfielen. Aber das war einmal, heute blüht das bis 70 Zentimeter hoch werdende Schöllkraut schon eher, der Klimawandel lässt grüßen. Und warum ignoriere ich diese Pflanze nie? Wegen ihres orangegelben Milchsafts. Schon in der Antike hatte man ihn in den Himmel gelobt, als wunderbar krampflösend. Es gibt heute Präparate mit Schöllkraut, die bei krampfartigen Beschwerden im Gallenbereich und im Magen-Darm-Trakt helfen sollen. Viele schwören, dass Tinkturen mit Schöllkraut Warzen und Altersflecken verschwinden lassen. Man weiß nicht Abschließendes, aber unwahrscheinlich ist ja nichts.

In diesem engen Bachtal fällt noch ein sehr gesundes Kraut auf: **Tripmadam** oder **Felsen-Mauerpfeffer** (*Sedum rupestre*). Tripmadam klingt wie eine psychedelische Droge aus Hippie-Zeiten, die bis 40 Zentimeter hoch wachsende Pflanze zählt aber zu

den vitaminreichsten Frühlingsboten. Das Wort leitet sich von «Dickmadame» ab, einer etwas zu dicken Dame, nach dem berühmten Kinderabzählreim: «Eine kleine Dickmadam / fuhr mal mit der Eisenbahn. / Dickmadam, die lachte, / Eisenbahn, die krachte. / Eins, zwei, drei, / und du bist frei!» Die «fetten», fleischigen Tripmadam-Blätter sind saftig und schmecken säuerlich-würzig, nach Paprika. Die jungen Sprosse eignen sich für Frühlingsrollen, für Wok-Gerichte mit einer bunten Gemüsemischung. Als man noch kein Maggi kannte, wurde Tripmadam sogar als Würzpflanze angebaut. Am schönsten aber ist diese Polsterpflanze, wenn sie im Juni und Juli knallgelb blüht. In jedem Steingarten sollte sie wachsen.

Ihr auf dem Fuße folgt der schon im März und April gelb blühende und sich bis 40 Zentimeter streckende **Huflattich** (*Tussilago farfara*), das kann man hier wörtlich nehmen. An Felsfüßen, in Bachnähe, an Böschungsanschnitten und auf abrutschenden Lehmböden betreibt er mit seinen starken Ausläufern oft erste Hilfe, ein natürlicher Wundverschluss an feuchteren Offenstellen. Blüten des Huflattichs sind kleiner als die von Löwenzahn. Blüten und Stängel schmecken angenehm mild, die Blüten überraschend süß, die Stängel wie grüner Spargel. Alle Pflanzenteile kann man in einen Salat geben oder als Pfannengemüse zubereiten, mit stets gutem Gewissen: Der Huflattich enthält nämlich einen hohen Anteil an Mineralstoffen wie Kalium, Kalzium, Zink, Magnesium, Kieselsäure und Eisen. Zudem Schleim- und Gerbstoffe, bestens für alle Bronchialerkrankungen. Das ist schon seit dem Altertum bekannt, seit dieser Zeit gilt der Huflattich als potentes Hustenmittel, worauf auch der lateinische Name hindeutet: *tussis* = Husten und *ago* = ich vertreibe. Übrigens kann man ältere Blätter des Huflattichs für Kohlrouladen verwenden. Das nenne ich mal Nachhaltigkeit.

Bei Karlsruhe

die Rheinauen von Rheinstetten

Noch immer staune ich die beiden Kisten an, die ich gerade geschenkt bekommen habe. Von Weinheim war ich nach Rheinstetten gefahren, um in den Rheinauen morgens eine Exkursion durchzuführen. Am Deich von Rheinstetten, wo es tatsächlich einen Federbach gibt, hatten sich um elf Uhr vormittags rund zwanzig Leute versammelt. Darunter auch zwei wahre Fans von mir, Olaf, ein gemütlich wirkender Mitarbeiter einer Brauerei in Karlsruhe, und seine «Verlobte» Renate. Schon zum dritten Mal gaben sie mir die Ehre. Von Pflanzen wenig Ahnung, doch immer wenn ich in der Gegend bin, nehmen sie an meinen Exkursionen teil oder eilen zum Vortrag herbei. Sie mögen es sehr, durch die Natur zu stiefeln, und das gefällt mir wiederum. Diesmal schienen die beiden nach Abschluss der Exkursion noch etwas von mir zu wollen, aber was? Bald sollte ich es wissen. Als sich dann fast alle anderen Exkursionsteilnehmer verabschiedet hatten, gab es eine Überraschung. «Jürgen», wir duzten uns von Anfang an, «ich wollte dir schon längst mal sagen, wie toll ich es immer mit dir finde.»

Ich nickte. Da ich etwas verlegen war, wusste ich nicht, was ich sagen sollte. Doch bevor ich weiter um die richtigen Worte ringen konnte, öffnete Olaf die Rückklappe seines Wagens und holte erst eine, dann eine zweite Kiste mit Getränken hervor. Aber was für Kisten, grasgrüne mit goldener Beschriftung, mit Henkeln, wie kleine Handregale sahen die aus. Ich darf hier wohl jetzt die Firma nicht nennen, das wäre unfair – obwohl, meinen Škoda erwähne ich ja öfter … Sie fängt mit H an, Privatbrauerei versteht sich, gibt es seit sage und schreibe 1798 …

«In den Kisten sind alle Biersorten und auch alle antialkoholischen Getränke, die wir produzieren. Ein bunter Mix, ein Strauß der besonderen Sorte. Ich weiß ja, du musst noch weiter Auto fahren.»

Ich war platt, so viel Herzlichkeit, ein besonderer Blumenstrauß. «Mensch, da muss ich ja nichts mehr einkaufen», rief ich, ganz der praktische Botaniker. Und es war jetzt um drei Uhr nachmittags auch ganz schön heiß geworden, ich hatte richtig Brand! Sie wissen ja von den Wetterkarten, Karlsruhe zählt zu den sommerheißesten Pflastern in Deutschland, es ist sogar das heißeste Pflaster überhaupt! Und dann das, ein Segen vom Himmel.

«Und, Jürgen, damit du nicht immer so unansehnlich trinkst, habe ich dir noch sechs Gläser mitgebracht und einen Flaschenöffner dazu.» Kannte er etwa meine spartanisch gefüllten Küchenschränke?

«Stilvoller kann es jetzt nicht mehr werden. Bin ganz gerührt. Tausend Dank.»

«Dafür nicht.» Und schon öffnete Olaf die erste Flasche, natürlich «Grape activ», war das ein Genuss.

Der skurrile Flaschenöffner liegt übrigens seitdem zwischen meinen Vordersitzen, und Sie glauben es kaum: Ich trinke von den Flaschen immer noch, sogar in diesem Augenblick beim Aufschreiben meiner Kräutererkenntnisse, denn vier der insgesamt zwanzig Flaschen sind dann doch nicht mein Fall – Marke Schwarzgold, ich mag kein Schwarzbier. Aber noch weniger mag ich es, Dinge wegzuwerfen, einfach so, nur weil etwas nicht optimal passt, schmeckt, aussieht, was weiß ich. Gehe ich denn so mit «meinen» Pflanzen um? Nein, nie! Und so geht man auch nicht mit Geschenken um, ich wusste: Es wird noch die passende Gelegenheit geben ... Jetzt muss ich mich beim Trinken furchtbar schütteln, die Flasche haue ich daher in nur zwei Zügen weg ... Und immer denke ich, klasse, das gibt ein paar Kalorien mehr, kann ich gebrauchen. Flüssignahrung am Schreibtisch, bei wichtigem Anlass, das kann es in sich haben. Aber Bier in Maßen soll ja gesund sein – na also!

Dann startete der Brauereimitarbeiter auch schon sein Auto. Ich sah den beiden lange nach. Olaf war 1989 aus der DDR nach Prag geflüchtet, in die Deutsche Botschaft. Er hatte lange im Schlamm des Gartens ausgeharrt, mit dreitausend anderen, es war dunkel, nass und kalt, als abends am 30. September Außenminister Hans-Dietrich Genscher auf den Balkon des Palais trat und die Nachricht verkündete: «Wir sind zu Ihnen gekommen, um Ihnen mitzuteilen, dass heute Ihre Ausreise ...» Das war wohl der berühmteste unvollendete Satz der Wendezeit. Der Neu-Karlsruher hatte erzählt: «Das war der glücklichste Tag in meinem Leben.» Er kann Geschichten erzählen, wahre Geschichten, so etwas gefällt mir auch.

Und nun habe ich zwei volle Getränkekisten erhalten. Heute Abend bei Mainz werde ich weitersüffeln. Nachdem ich sie in meinem Škoda verstaut habe, ziehe ich noch einmal los, meinen Blick wieder nur auf die Kräuter gerichtet. Bei Sonnenschein noch ein paar Fotos schießen und weitere Arten fürs Buch «eintüten».

Ich brauche auch gar nicht lange, da kommt längs der Fährstraße durch den Rheinauenwald das **Wiesen-Labkraut** (*Galium album*) in Sicht. Die Blätter schmecken wie Kopfsalat, entsprechend kann man sie auch so verwenden, die jungen Triebe eigenen sich hervorragend als Beigabe zu Gemüse, und mit den weißen Blüten kann man von Mai bis September jedem bunten Salat den letzten Farbtupfer geben. Aus ausgekochten Blüten kann man einen aromatischen Saft gewinnen (ein wenig erinnert er an Waldmeistersirup), der jede Puddingspeise toppt. Smoothies aus Labkraut schmecken sehr frisch, besonders wenn man noch ein wenig Zitrone und Holundersirup hinzufügt. Die Rhizome wurden früher zur Rotfärbung benutzt, Blätter setzte man bei der Käseherstellung ein, denn sie enthalten Enzyme, die den Gerinnungsprozess unterstützen. Lange Zeit hatte man die heilenden Wirkungen des Labkrauts un-

terschätzt, dabei kann es einiges. Wenn Sie noch etwas vom Sirup übrig haben, träufeln Sie ihn auf Hautstellen, die Probleme bereiten, und lassen Sie ihn dort antrocknen. Sie können aber auch einen Labkraut-Tee zubereiten und eine Labkraut-Kompresse auf die betroffenen Hautstellen legen. Bei Magen- und Darmentzündungen kann man den Tee trinken.

Es lockt nun der hochwüchsige **Wiesen-Baldrian** (*Valeriana pratensis*), gut und gerne schafft er 150 Zentimeter. Im Oberrheintal zeigt er jetzt schon seine Blütenstände! Essbar sind Blüten und Blätter (die Wurzeln ebenfalls, aber die vernachlässigen wir hier mal). Geschnippelte Blätter schmecken leicht bitter, sie sollten deshalb am besten nur bis zur Blütezeit in Salaten oder Quarkspeisen gegessen oder als Würzmittel in Soßen verwendet werden. Die Blüten und Blütenknospen aromatisieren Ihren Schwarzen Tee, aber auch einen Krug mit Wasser (sie riechen leicht harzig). Der Wiesen-Baldrian gehört zur Gruppe der Arznei-Baldrian-Arten, in Apotheken kann man eine Menge Präparate kaufen,

die entspannen, entkrampfen, beruhigen und beim Einschlafen helfen sollen. Ich denke, man sollte deshalb die Pflanze, wenn man sie sieht, einfach stehen lassen, ihre schönen rosafarbenen Blüten (sie blühen ab Mai) bewundern und die Nase in sie stecken, denn sie duften einfach prima. Das finden ebenso zahlreiche Insekten, die hier ihre Nahrung finden.

Danach floriert die am gesamten Rhein sehr häufige **Kratzbeere** (*Rubus caesius*), die kleine Schwester der Brombeere! Junge Schösslinge können Sie hacken und in Gemüsefüllung jeglicher Form verwenden. Die haben doch Dornen, widersprechen Sie? – aber die Dornen sind im frischen Zustand eher kleine Stacheln, die zudem ganz weich sind. Die grünen, im Herbst ins Violett-Rötliche wechselnden Blätter sind bis in den Oktober hinein zu pflücken – mit ihnen lässt sich Tee zubereiten, der Ihr Immunsystem stärkt und Erkältungen vorbeugt (enthält viel Vitamin C). Ab Juli zeigen sich die großkernigen bläulichen Früchte, die nicht so glänzen wie Brombeeren. Das liegt daran, dass sie mit einer wachsartig dünnen Schicht überzogen sind. Sieht aus wie Mehltau, ist aber keiner, also völlig unbedenklich. Kratzbeeren sind saurer als Brombeeren, doch das sollte keineswegs abschrecken, um Marmeladen, Mus oder gar Likör daraus zu machen. Ich erinnere mich, dass ich um zwanzig herum einmal Kroatzbeeren-Likör getrunken habe. Das war gar nicht so übel.

Auf gar keinen Fall darf der **Wiesen-Salbei** (*Salvia pratensis*) in einem Kräuterbuch fehlen. Aus meiner Brotdose hole ich einen Camembert, den ich gestern Abend noch in einem Supermarkt gekauft habe, breche ein Stück davon ab und wickele ein ab-

gezupftes Salbeiblatt darum – es gibt kaum etwas, das in diesem Moment besser schmecken könnte. Danach kommt eine Scheibe geräucherter Schinken (auch vom Supermarkt), die eingerollt und mit einem Salbeiblatt umhüllt wird. Schade, dass ich nicht eines von den alkoholfreien Bieren samt Glas mitgenommen habe, denn das wäre schon Haute Cuisine (jedenfalls für mich). Die jungen Blätter kann man zudem zu Gnocchi mit Butter geben, bei dem Gedanken an Kalbsschnitzel mit Schinken und Salbei läuft mir trotzdem das Wasser im Mund zusammen, mir fallen noch Spanferkel mit Salbei ein, Bohnengerichte, Pasta-Soßen, Gans, Ente, Fleischpasteten … Die Bitter- und Gerbstoffe des Salbeis unterstützen Galle und Leber, ein Tee aus getrockneten Salbeiblättern hilft bei Entzündungen im Mund- und Rachenraum (ordentlich gurgeln!), zugleich drosselt er bei jungen Müttern die Milchproduktion, wenn sie mit dem Stillen aufhören wollen. Eine Kompresse aus zerquetschten Salbeiblättern soll Hautkrankheiten sowie Insektenstiche lindern. Jetzt höre ich aber auf damit, womöglich fehlt sonst noch demnächst der Wiesen-Salbei in ganz Deutschland …!

Schifferstadt

in der Rheinpfalz

Weiter geht es auf meiner Südwestdeutschland-Tour, ich möchte dazu heute noch die Rheinseite wechseln. Am heutigen 30. April herrschen hier fast Temperaturen wie im Hochsommer im nordischen Bremen! Die Sonne knallt geradezu, als ich durch die Rheinpfalz kutschiere. 2013 war ich schon einmal hier – da war es Hochsommer und einfach nicht auszuhalten. Es war so heiß, dass wir jeden Supermarkt mitnahmen, Rewe, Penny oder Aldi, aber nicht, um einzukaufen, sondern wir kühlten uns dort nur ab. Wenn wir dann wieder nach draußen traten, war es so, als würde man gegen eine Flammenwand laufen. Klack, oder das Gesicht flach in den Wüstensand gesteckt. Das brannte sich mir wiederum ein.

Während ich den rechtsrheinischen Odenwald hinter mir lasse, rückt im Westen der Pfälzer Wald immer näher. Die Pfälzer essen und trinken für ihr Leben gern, ich weiß das nur zu gut, meine Freundin Steffi ist Pfälzerin. Eine Weinschorle in der Pfalz besteht demnach aus vier Fingerbreit Wasser (die Hand waagerecht gehalten) und vier Handbreit Wein (Hand aber nun senkrecht vorm Gesicht), eine richtige Dröhnung also!

Schifferstadt liegt mitten im Herzen der Pfalz, und wegen der vielen hiesigen kulinarischen Genüsse ist die Stadt mit ihren rund 20 000 Einwohnern wohl auch Deutschlands Ringerhochburg. Ringen ist hier Nationalsport, bis heute! Ich erinnere mich an Wilfried Dietrich, einen Ringer und Gewichtheber, den «Kran von Schifferstadt» – ein Name, der doch alles sagt. Bei den Olympischen Spielen 1972 in München hievte er den US-amerikanischen Vier-Zent-

94

ner-Koloss Chris Taylor im Griechisch-Römischen Stil, bei dem man den Gegner nur oberhalb des Gürtels packen darf, einfach über die Schulter. Im Vergleich zu Taylor sah Dietrich wie ein Hänfling aus. Damit hatte er bewiesen, dass er nicht umsonst «Kran von Schifferstadt» hieß. Ein Kampf wie David gegen Goliath – ich war zwölf, als ich das sah, den Fernseher hatten wir erst wenige Wochen. Wilfried Dietrich wurde am Ende dann doch nur Vierter, schon 38-jährig, aber die Bilder dieses Kampfes gingen um die Welt.

In der östlichen Vorstadt, an der Salierstraße Ecke Waldseer Straße, halte ich auf dem Parkplatz vor einem Lidl-Markt. Da will ich gar nicht rein, nein, ich will dem Motto «Das Essen liegt auf der Straße» frönen. Und so kommt es dann auch: Zunächst gibt es **Kompass-Lattich** (*Lactua serriola*) zu bestaunen, man nimmt an, dass er, der immerhin bis 180 Zentimeter groß werden kann, die Urform unseres Kopfsalats ist. Seine Blätter enthalten Milchsaft, sie schmecken bitter bis scharf, fast ein wenig eindringlich, um nicht zu sagen: Sie treten schon ziemlich selbstbewusst in Erscheinung. Den Kompass-Lattich sollte man mit Bedacht verwenden, ich würde damit kräftige Gemüse- oder Fleischsuppen oder Wurzelgemüse würzen. Da hätte er dann auch Partner, die sich ebenfalls nicht im Hintergrund halten. Junge Sprosse kann man geschält roh essen oder als Pfannengemüse zubereiten. Der eingedickte Milchsaft ist ein beruhigendes Mittel bei Asthma, Herzklopfen, Krämpfen und hemmt den Hustenreiz.

Als Nächstes dann die **Wilde Karde** (*Dipsacus fullonum*). Nun gut, man kann sie nicht essen, nichts davon, aber die Pflanze (bis zwei Meter hoch), die mit ihren stacheligen Eierköpfen wie eine Distel aussieht, aber keine ist, wurde schon im 12. Jahrhundert von der Äbtissin Hildegard von Bingen empfohlen, sie riet zu innerer Anwendung nach Vergiftungen und zu äußerer bei Hautausschlägen. Später wurde die Wurzel der Karde bei Geschlechtskrankheiten, Haut- und Lungenleiden sowie Gelenkschmerzen empfohlen, sie soll entschlackend und verdauungsfördernd wirken. Neuerdings schwören Alternativmediziner auf die Wurzeln der Karde, um gegen Borreliose vorzugehen (junge Wurzeln sollen mit Korn oder Wodka übergossen werden, nach drei Wochen ist die Tinktur fertig; wer keinen Alkohol verträgt, soll sich aus den Wurzeln einen Tee zubereiten). Mit den getrockneten Blütenköpfen wurden früher Wolle und andere Textilfasern gekämmt (kardiert) und gereinigt, dazu wurde die Karde in Europa viele Jahrhunderte lang angebaut.

Nun aber eine echte Würzpflanze: die weiß blühende **Pfeilkresse** (*Cardaria draba*). Schon beim Näherkommen fällt ihr Duft auf, er erinnert an Senf, Kohl und natürlich Kresse. Ich teste einige junge Blätter auf meiner Zunge, da ist aber ordentlich Schärfe drin –

ich bin wie vom Pfeil getroffen! Und je länger man auf ihnen herumkaut, umso schärfer wird es. Blätter, junge Sprosse und Blüten harmonieren mit Eintöpfen, aber in Öl und Essig geben sie eine gute Marinade für Fleisch-, Fisch- und Geflügelgerichte ab. Reife Samen enthalten viel Senföl, sodass sie wie das Allroundgewürz Pfeffer verwendet werden können, insbesondere zum Abschmecken von Soßen. Einst wurden die Samen für Senfpflaster genommen, um die Durchblutung zu fördern oder Fieber zu senken. Wegen ihrer Schärfe regt die Kresse den Magen-Darm-Trakt an, den Stoffwechsel und damit die Verdauung. Die herrlich schneeweißen Blütenstände von Ende April bis Juni liegen mir allerdings viel eher als ihr etwaiges Ende in Kochtopf oder Salatschüssel. Diese bis 60 Zentimeter hohe Pfeilkresse ist oft eine weiße Zierleiste an Autobahnen, Bundes- und Landstraßen sowie an lehmigen Feldwegen.

Etwas Gelbes, Sternartiges blüht ganz niedlich – es ist das **Früh-lings-Fingerkraut** (*Potentilla neumanniana*). Zugegeben: Man muss es nun wirklich nicht futtern, nur in Zeiten großen Hungers sollte das fünf bis 20 Zentimeter hohe Frühlings-Fingerkraut dran glauben. Es ist auch keine Heilpflanze mit langer und großartiger Tradition, aber sie ist so zierlich und hübsch … Dennoch kann sie etwas – nur weil die Pflanze so anmutig ist, lasse ich mich nicht er-weichen und schmuggele sie einfach ein. Ihr Wirkungsfeld: Wer un-ter Durchfall leidet, kann sich aus den Wurzeln einen Tee kochen. Dazu einen Teelöffel Wurzeln mit kochendem Wasser (250 ml) übergießen. Hat der Tee eine angenehme Temperatur, sollten Sie ihn trinken. Und bei Wunden, die nicht so richtig heilen wollen, wird ein Umschlag aus zerquetschten Blättern empfohlen. Die Wur-zeln dienten einst auch zum Rotfärben von Wolle.

Was noch bleibt: jetzt doch ein Einkauf im Lidl-Markt. In der Frischeabteilung greife ich nach Bananen, ich sehe auch schon Pfir-siche. Pfirsiche mag ich sehr, aber zwei, drei Wochen will ich noch

warten, dann sind sie süßer. Nun auf zur Käse- und Wursttheke. Ich will heute noch nach Mainz fahren, eine richtige Deutschlandtour wird das. In meinem Auto sieht es – natürlich bis auf die Getränke – wieder so öde aus wie in meinem Kühlschrank zu Hause. Meine Vorräte müssen dringend aufgefüllt werden. Was sehe ich denn da? Pfälzer Saumagen! Ihn machte Altkanzler Kohl über seine Heimat hinaus bekannt. So mancher Staatsbesuch musste sich mit dieser Speise auseinandersetzen, darunter Englands Premierministerin Margaret Thatcher. Ebenso der Ex-Cowboy Ronald Reagan, er wird die Speise bestimmt mehr genossen haben als die Eiserne Lady, wenn auch beide hart im Nehmen waren. Schweinefleisch, Bratwurstbrät und Kartoffeln kommen in den Saumagen (aber nicht, dass er platzt!) – und ein Haufen Gewürze und Kräuter. So abgedreht der Saumagen auch klingt, so gut schmeckt er aber – im nahen Städtchen Wachenheim gibt es eine Pfälzer Institution, einen landesberühmten Saumagenfleischer, der seine Waren sogar weltweit verschickt. Fritz Walter, lebenslang «Roter Teufel» vom Betzenberg in Kaiserslautern, kam immer persönlich vorbei, um sich mit Saumagen einzudecken – wohl deshalb war er noch mit vierzig Jahren aktiver Kicker.

Ihlower Forst

im Kreis Aurich

Eine Woche ist seit meinem Ausflug in die Pfalz vergangen, und ich stiefele durch den Ihlower Forst im Kreis Aurich. Die Ostfriesen haben sogar Laubwälder und nicht nur plattes Land. Erstaunlich, aber wahr. Der Ihlower Forst wird dominiert von Rot-Buchen und Stiel-Eichen, im teils sehr nassen Ostteil herrschen Traubenkirschen, Eschen und Erlen vor. Dabei war diese Gegend bis etwa 1850 noch völlig verheidet. Aber dann rauften sich die Nachfahren der ostfriesischen Häuptlinge (der einst ortsansässigen Fürsten) nicht mehr untereinander, sondern nur noch die Haare, denn sie hatten zu ihrem Schrecken gemerkt: keine Rehe weit und breit und keine Wildschweine, da nirgends mehr Wald. Also: endlich aufforsten. Und das taten sie dann auch, um wieder ihren Vergnügungen nachgehen zu können.

Ich selbst werde am Abend dieses 7. Mai ebenfalls gejagt, Abertausende von Mücken haben es auf mein süßes Blut abgesehen. Die Viecher sind so lästig, dass ich nicht fotografieren kann. Aber unbedingt will ich in diesem Wald nach Jahren die in Niedersachsen nur hier wachsende Stängellose Schlüsselblume ablichten und den Bestand kontrollieren – und nebenbei die **Schwarze Johannisbeere** (*Ribes nigrum*) verewigen. Selbst schuld, ich hätte auch früher kommen können, auch die Primel sähe dann noch schicker aus. Ich war ja schon in vielen Gebieten, aber so viel Schwarze Johannisbeere auf einem Schlag habe ich bisher noch nirgends entdeckt – und das im fernen Ostfriesland! Im Hochsommer, wenn die vielen wilden Sträucher Früchte tragen, hat man mit den Mücken gleich eine Fleischbeilage. Die dunklen Beeren sind nicht jedermanns Sache, viele finden sie zu herb, ich mag sie sehr. Sogar die Samen kaue ich auf, weil ich ihren frischen, säuerlichen Geschmack gern im Mund habe. Junge Blätter kann man klein schneiden und damit jede Suppe verfeinern, Salate bekommen so eine pfiffige Geschmacksrichtung. Einige Schnipsel in schwarzem Tee geben ihm eine ganz spezielle Note – richtig gut. Die Beeren sind reich an Vitamin C, man kann sie zu Kompott, Marmelade, Saft oder als Sorbet verarbeiten: Cassis-Sorbet ist ja vornehmer als Johannisbeer-Sorbet; Cassis ist die französische Bezeichnung für die Schwarze Johannisbeere. Auch ein Cassis-Likör ist nicht zu verachten. Die Parfumindustrie benutzt das Aroma aus einem Extrakt der Knospen, um eine fruchtige Note in Duftwässern zu erzielen. Heilend wirkt die Beere auch: Ein Tee aus getrockneten Beeren oder Blättern wirkt vorbeugend gegen Erkältungskrankheiten, ist entzündungshemmend und harntreibend.

Nun renne ich schnell zurück zum Waldrand, völlig zerstochen, sogar durch mein Haar haben sie es geschafft. Was soll's, ich bin Kummer gewohnt, und mein Haar ist wohl auch nicht mehr so dicht wie noch 1998, als ich zum ersten Mal im Ihlower Wald war.

Mecklenburg-Vorpommern

zwischen Schönberg und Wismar

I ch brauche etwas Wind um die Nase, will auch im Nordosten Deutschlands Einsatz zeigen und diese reizvolle Landschaft beim Kräutersammeln nicht leer ausgehen lassen – mein Ziel ist daher an diesem Pfingstmontag (16. Mai) die alte Hansestadt Wismar an der Ostsee. Sie gehört wie die ägyptischen Pyramiden, der Grand Canyon in Nordamerika oder Dom, Markt und Roland in Bremen zum UNESCO-Welterbe der Menschheit. Die Stadt kenne ich noch nicht, bin nur einmal durchgefahren, ich freue mich auf der Fahrt durch gelben Raps vor hellblauem Himmel und dunkelblauer Ostsee.

Vor zwei Tagen, am Pfingstsamstag, schoss Werder Bremen (genauer Papy Djilobodji) in der achtundachtzigsten Minute gegen Eintracht Frankfurt das Rettungstor für den Klassenerhalt in der Ersten Bundesliga – ich stand derweil in der Küche und briet in Unterhosen Klopse, nicht weil es so heiß war, sondern weil ich den Bratfettgestank in Klamotten nicht abkann. Ich bin kein Koch. Und einer der Gründe, warum ich wenig koche, sind diese Gerüche, die hat man hinterher überall, auch in den Haaren, in der Bettwäsche und in den Vorhängen. Frikadellen sind duftintensiv, ähnlich, wenn nicht sogar noch schlimmer, sind Fisch und Pfannkuchen.

Extra für dieses Buch habe ich zwölf Kräuter getestet, alles minutiös festgehalten, von Weinberg-Lauch über Gundermann, Knoblauchsrauke, Bär-Lauch bis hin zum Barbarakraut: Dreißig Klopse habe ich aus gemischtem Hack geformt und meine in der Umgebung frisch gesammelten Kräuter hineingetan. 6 × 2 und 6 × 3 mit diversen Arten bestückt. Natürlich habe ich die Frikadellen dieses

Mal ohne Zwiebeln gemacht, so schlau bin ich schon, denn die Zwiebeln hätten nur den Geschmack der Kräuter übertüncht, man hätte nichts anderes mehr herausgeschmeckt. Salz und Pfeffer kamen aber reichlich hinzu.

Und dann wurden die Bällchen in der Pfanne gebrutzelt, bis der Qualm an die Decke stieg und sie so richtig schön durchgebraten waren. Ich fühlte mich ein wenig wie ein Forscher auf großer Expedition. Juhu. Schließlich lagen alle Klopse auf einem großen Teller, fein säuberlich sortiert nach Kräuterinhalt. Nun ging es ans Probieren, an diesem dramatischen Fußballabend schaffte ich achtzehn, am Sonntag die anderen zwölf. Mit erstaunlichem Ergebnis: Siebenundzwanzig Klopse haben super geschmeckt, die drei mit Gewöhnlichem Barbarakraut waren echt zu bitter. Nicht zu empfehlen, auch wenn das Kraut so wunderschön gelb blüht, es ist eine reine Gewürzpflanze und nur in Maßen genießbar, ein paar Schnipsel reichen (ich hatte zu viel reingetan). Ich salzte die Barbara-Buletten nun überreichlich, dann flutschten sie auch, mit viel Orangensaft …
Bei fünfzehn «Bremsklötzen» war das Kraut dann nicht mehr herauszuschmecken. Giersch, Kohl-Gänsedistel schmeckten nach nichts. Völlig neutral. Frisch hatten alle einen Eigengeschmack, davon war nach dem Braten nichts mehr übrig. Es kann aber auch sein, dass nur ich nichts herausgeschmeckt habe, Sie hätten das vielleicht ganz anders bewertet.

Sechs Kräuter sind richtig was geworden, besonders lecker war der Gundermann, aber auch sehr zu empfehlen sind Bär-Lauch, Knoblauchsrauke (schmeckte wirklich nach Knoblauch), Weinberg-Lauch und das nach Kresse schmeckende Wald-Schaumkraut. Das Fett, in dem ich die Buletten gebraten habe, musste ich natürlich auch noch verspeisen. Ein halbes Weißbrot, in sechs dicke Scheiben geschnitten, hat alles aufgesogen und mich pappsatt gemacht – zusammen mit den restlichen Kräutern.

Nach so viel Fett und Fleisch am Wochenende spüre ich, dass

ich heute so richtig Kraft habe für meinen Wismar-Trip, ich fahre auf der Autobahn 20 sogar schneller als sonst üblich (höchstens 120 km/h). Ich bin froh, dieses Koch-Experiment gemacht zu haben, wann gibt es bei mir schon mal so viele Klopse – und dann so viele verschiedene! Steffi war gar nicht da, sie war verreist, so waren auch alle Buletten nur für mich ... (grins)

Es geht runter von der A20, schon vorher habe ich die ehemalige innerdeutsche Grenze hinter mir gelassen, ich bin im Schönberger Land mit der riesigen Schönberger Müllkippe, sie lag zu DDR-Zeiten nur sechs Kilometer hinter der Grenze und damit in unmittelbarer Nähe zur Hanse- und Marzipanstadt Lübeck. Einst war die Sondermülldeponie Europas größte Giftmüllhalde, sie ist es wohl noch immer. Lastwagen rollten mit schwermetallverseuchtem Schlick vom Hamburger Hafen an oder es wurden Produktionsrückstände von Hoechst dort angelandet. In der DDR gab man der lukrativen Deponie einen Spitznamen: «Darmausgang der Republik». Jetzt werden dort Lkws aus Holland, Polen, Ungarn und aus Skandinavien gesichtet, der reinste Abfalltourismus ist das.

Der Gedanke an Müll soll den Tag heute aber nicht verderben: Ich liebe den Osten, liebe diese buckelige, von der Eiszeit geprägte Landschaft, die durch das Geschiebe der Gletscher entstanden ist, mit ihren trägen Flussläufen, den Waldkuppen, Alleen, Dörfern und vielen Kleingewässern, hier Sölle genannt. Zum Glück hat man nur wenige vor der Wende zugeschüttet, danach durfte man es dann nicht mehr!

Federwolken begleiten mich – ach, es sind doch «nur» Haufenwolken! Und wo die sind, ist meist kaum Wind. Federwolken entstehen durch Wind in größerer Höhe, davon ist heute nichts zu merken. Egal, dafür geben die gelben Rapsfelder alles, um noch gelber zu wirken, einfach grandios. Genauso die alten Alleen: Ahorn, Buchen, Eichen, Linden, Rosskastanien. Ich öffne das Fenster, es riecht schon nach Meer. Überall am Straßenrand noch Frühjahrsblüher, Veilchen aller Art, Laubwälder mit Schachtelhalm und Schlüsselblumen. Für mich ist es das Hinterland der *Buddenbrooks*, hier sind die früheren Großbauern, die Junker reich geworden – und Lübeck auch.

Ich fahre ein bisschen herum, rein ins Land, um mich dieser flachwelligen Jungmoränenlandschaft noch mehr anzunähern. Es ist dünn besiedelt, fünf, sechs Kilometer muss ich zurücklegen, bevor das nächste Dorf kommt. An einem langgestreckten Parkplatz der Bundesstraße 104, aus dem man in Bremen drei gemacht hätte, lege ich meinen ersten Halt ein. Man hat hier eben noch genug Land übrig. Ich muss erst tief die frische Luft einatmen, ein Blick ins Grüne sagt mir dann: Der Tisch in Mecklenburg ist reich mit Kräutern gedeckt.

In einem Laubwaldgebiet in der Nähe von Rolofshagen (bei Grevesmühlen) wuchert schon eifrig das später bis zwei Meter hohe **Kletten-Labkraut** (*Gallium aparine*). Jeder kennt die kleinen Kügelchen, die an Hosen, Mänteln, Schnürbändern und Socken haften

bleiben. Viele meinen, das seien echte Kletten, aber davon habe ich zwei Arten woanders «untergebracht», die blühen doch erst im Hochsommer! Auch Blätter und Sprosse sind bei diesem Kletter-maxe durch rückwärtsgewandte Borsten klebrig. Die dünnen Triebe sehen aus, als würden sie Donald Trump auf dem Kopf Konkurrenz machen. Aber im Gegensatz zum US-Amerikaner kann der Trump der Pflanzenwelt etwas: Einmal kann man ihn essen (bei Donald ist das am allerwenigsten zu empfehlen), etwa gedünstet als Spinat. Junge Triebe sind abwechslungsreiche Salatbeigaben, ebenso die weißen Blüten, die sich auch zu Deko-Zwecken auf angerichteten Tellern eignen. Die Samen ergeben geröstet Ersatzkaffee. Und was seine Heilkräfte betrifft, da ist das Kletten-Labkraut dem Republi-kaner um Meilen voraus: Der römische Naturforscher Plinius der Ältere erwähnte dieses Labkraut als Mittel zur Blutstillung, gegen Ohrenschmerzen, Schlangen- und Spinnenbisse. Sein griechischer Kontrahent, der Arzt Dioskurides (beide lebten im 1. Jahrhundert nach Christus), empfahl das Kletten-Labkraut bei Müdigkeit und Erschöpfung und berichtete, dass die Hirten aus den Stängeln des Krauts Siebe zum Filtrieren von Milch flochten.

Die heutige Volksmedizin favorisiert einen Tee aus frischen oder getrockneten Blättern und Sprossenteilen, ein solcher hilft gegen Blasen-, Gallen-, Leber- und Nierenleiden, gegen Schwellungen und Geschwülste. Er gilt allgemein als blutreinigend und harntreibend. Mit den Wurzeln kann zum Beispiel Wolle rot gefärbt werden. Die Werke von Plinius dem Älteren und von Dioskurides haben maß-geblich unser Wissen über die heilende Wirkung von Kräutern und Gewürzen in der Antike bestimmt, ihre Standardwerke haben die Klostermedizin des Mittelalters geprägt und so auch Hildegard von Bingen beeinflusst.

Neben aktuell stark expandierendem Kletten-Labkraut behaup-tet sich die meterhohe **Echte Nelkenwurz** (*Geum urbanum*), noch so ein Drängler der heutigen Zeit. Sie hat nicht vor, sich die

Butter vom Brot nehmen zu lassen, da haben sich ja zwei gefunden. Extra nehme ich ganz junge Blätter, aber selbst die schmecken mir doch etwas zu bitter. Womöglich haben durch das Bittere im Barbarakraut meine Geschmacksnerven gelitten. Vielleicht sollte ich mal in Erfahrung bringen, wann der richtige Zeitpunkt zum Würzen gegeben ist, also das richtige Timing, beziehungsweise ob es für manche Gewürze und Kräuter nicht irgendwann zu heiß wird, sodass sie dann völlig ungenießbar werden oder einfach ihren schönen Geschmack verlieren. Aber wieso sollte man mit ihnen anders umgehen als mit Menschen? Da versucht man doch auch, ein gewisses Händchen zu entwickeln und einen möglichst sensiblen Umgang zu pflegen. Das gelingt nicht immer, das kann ich Ihnen sagen, und so wird es auch bei Kräutern sein. Aber ich denke, je feiner das Aroma ist, umso weniger sollte ein Kraut mitkochen. Ganz zum Schluss hinzugeben, damit kann man sicher nichts falsch machen. Es gibt sicher auch Gewürze und Kräuter, die erst nach und nach ihren Geschmack entfalten – beim Heide-Wacholder ist das so. Bei dieser hohen Kunst des Würzens muss ich leider passen. Da werden Sie bestimmt mehr wissen als ich. Ich gucke zu selten im Fernsehen Kochsendungen, und bei Kochbüchern schaue ich mir eher die appetitanregenden Fotos an. Ich weiß nur noch, dass Salbei auch bitter wird, wenn er zu lange in der Sahnesoße herumschwimmt.

Zurück zur gelb blühenden Echten Nelkenwurz. Also, die jungen Blätter schmecken bitter, die Wurzeln sind aber eine Überraschung. Sie haben einen herb-süßlichen Geschmack, ein wenig nach Gewürznelke. Da die Pflanze häufig vorkommt, kann man diese Wurzeln auch mal ausgraben. Wie Ingwer reiben und dann damit Gemüsesuppen abschmecken. Denkbar auch zusammen mit Rotkohl oder etwas davon auf Apfelkuchen.

Man kann die Wurzeln ebenso zu Bier, Branntwein und Limonaden zugeben. Sie bergen heilende Kräfte, das ätherische Öl Eugenol wirkt antibakteriell, entzündungshemmend und schmerzlindernd. Einen Teelöffel Wurzeln mit 250 ml kochendem Wasser übergießen und einige Minuten ziehen lassen, dann haben Sie nicht einen im Tee, aber einen, der bei Durchfall so wirksam ist wie ungesundes Coca-Cola. Zugleich hilft er bei Gicht und Rheuma und senkt Fieber. Kompressen aus dem Tee wurden früher aufgelegt, um Krampfadern und Hämorrhoiden zu lindern. Die Nelkenwurz soll einst sogar das Sauerwerden von Bier verhindert haben.

Es geht weiter nach Boltenhagen, ein Ostseebad mit einer drei bis fünfzehn Meter hohen Kliffküste Richtung Nordwesten und sandig-steinigem, algen- und tangreichem Strand von geringer Breite. Teilweise rutscht das Kliff regelrecht ab, an vielen Stellen rieselt Hangdruckwasser aus dem sandig-lehmigen Material heraus. Die Bäume und Sträucher, die dort wachsen, sind einer waghalsigen Gratwanderung ausgesetzt. Einige Pfade schlängeln sich hier hinauf, man hat wunderbare Aussichten, so eine Kliffküste gibt es mit wenigen Ausnahmen (an der Nordsee nur bei Cuxhaven und Dangast) in Deutschland ausschließlich längs der Ostsee. Das scheinen aber im touristisch überfüllten Boltenhagen nur wenige spitzgekriegt zu haben. Umso besser, so kommt erst gar kein Futterneid auf!

Beim Bier (und nicht etwa mit Bier) steige ich vor der Kliffküste direkt am Nordwestrand von Boltenhagen ein, beziehungsweise bei einer Pflanze, ohne die die Bierbrauer nicht auskommen, nämlich den **Hopfen** (*Humulus lupulus*). Er gedeiht hier in Mengen bereits zwischen vielen groben Findlingen, die eigentlich nur vor Erosion schützen sollen.

«Hier Hopfen, schon so viel Hopfen!», rufe ich laut.

«Was ist denn mit Ihnen los?», fragt mich ein freundlicher Familienvater besorgt, links und rechts an der Hand zwei Jungen, irgendwo auch noch Schaufel und Eimer. «Brau(ch)en Sie Hilfe? Ich habe ein Handy dabei, ich kann welche rufen.»

Ich springe vom Findling herunter und halte ihm eine Hopfenranke vor die Nase, die Kinder weichen etwas verschreckt zurück.

«Sehen Sie doch, nicht nur in Bayern, in Holledau und Hallertau, wächst der Hopfen, sondern auch hier, mit sensationellem Blick auf die blaue Ostsee.»

«Aha», sagt der Mann und sonst nichts weiter. Ein gutes Opfer fürs Zuhören.

«Wissen Sie eigentlich, dass die männlichen und weiblichen Blüten auf verschiedenen Pflanzen sitzen und nur die Blüten der weiblichen Pflanze als Bierwürze dienen? Man kann sie auch leicht unterscheiden, die männlichen stehen in lockeren, rispenartigen Blütenständen und blühen grün- lich-gelb im Hochsommer. Die weiblichen sind dann zapfenartig geschuppt und gestielt.»

«Papi trinkt kein Bier, der trinkt immer nur Wein», mischt sich der ältere der beiden Buben ein, der sich offensichtlich mehr für mei- nen Kurzmonolog begeistert als sein Vater.

«Bier macht auch müde», er- klärt der Schaufel-Eimer-Träger.

«Stimmt», bestätige ich. «Be- sonders hopfenreiches Bier.»

«Und trinkst du denn auch Wein?» Die Jungen zupfen an meinem Anorak.

«Nein, nur ab und zu ein Bier, aber meine Freundin Steffi trinkt öfter Wein.»

«Dachte ich mir's doch», sagt der Weinkenner und zurrt dann seine Nachkommen weiter durch den Sand. Ich bin überzeugt, dass die beiden später mal Biertrinker werden. Denn selbst ich mache fast ausschließlich genau das Gegenteil von dem, was mir meine El- tern immer so vorgehalten hatten – zu viele Monologe …

Hopfen ist so was von gut. Hopfenblätter schmecken in Ei- erspeisen, die spinatartig schmeckenden Sprosse im Frühling («Hopfenspargel») können roh, gekocht oder gebraten verzehrt werden. Als Bierwürze war der Hopfen erst ab dem 8. Jahrhundert bekannt, jedenfalls gibt es seit der Zeit die großen Hopfenanbaugebiete in Bayern. Die faserreichen Triebe finden immer noch Verwendung in Geweben, Matten und Seilen. Parallel entdeckte man die Kletterpflanze auch als Heilpflanze, wobei es auch hier wieder nur auf die weiblichen Blüten ankommt, die männlichen sind dagegen ziemlich kraftlos. Als Tee hat man ein Beruhigungsmittel parat, er ist antibakteriell, appetit- und magenanregend. Es soll weiterhin den Schlaf verbessern (Bier macht müde Männer eben gar nicht munter), Laborexperimente haben gezeigt, dass die Inhaltsstoffe im Hopfen ähnlich wirken wie das körpereigene Schlafhormon Melatonin.

Von Stein zu Stein bewege ich mich jetzt im Wasser fort und auf das **Gewöhnliche Seegras** (*Zostera marina*) zu. Es ist hier reichlich angeschwemmt, ansonsten wächst es eher in einer Wassertiefe von bis zu zehn Metern. Das Seegras lebt nur untergetaucht, für Fische ein idealer Laichplatz. Es hat bandartige, braungrüne, etwa einen Zentimeter breite Blätter, die vorn rund abgestumpft sind. Vor allem bei Nordost- und Ostwind wird dann an der Ostsee im Hochsommer viel Seegras angespült, an der Nordsee dagegen so gut wie nie! Essen kann man es nicht, aber einst diente es als Material zur Dachdeckung und nach dem Kochen als Füllung für Matratzen und Polstergarnituren. Ist doch spannend, was man alles mal mit und aus Pflanzen gemacht hat. Man legte Seegras sogar im Zimmer aus, um Insekten zu vertreiben – das mal hier als Ausnahme vom (ewigen) Essen und Heilen.

112

Im Norden Deutschlands ist er ein häufiger Strauch, viel wurde er angepflanzt, wilderte dann aber durch Ausläufer aus: der bis zu sechs Meter hoch wachsende **Küsten-Sanddorn** (*Hippophae rhamnoides*). Wie der Hopfen hat auch der Sanddorn weibliche und männliche Blüten auf verschiedenen Sträuchern. Doch egal ob männlich oder weiblich – beide sind ganz schön stachelig und wehrhaft. Ab August zeigen sich die bekannten orangeroten Früchte, die auf Postkarten zum Reinbeißen aussehen, aber total sauer sind – den Zucker muss man sich in großen Mengen hinzudenken. Aber weil er den Mund zusammenziehen lässt, ist der Sanddorn vollgepackt mit Vitaminen und Mineralstoffen. So enthält er Vitamin A, C, E und fast alle B-Vitamine. Außerdem Eisen, Kalzium, Magnesium und Mangan. Man kann mit den Früchten viel anstellen, daraus Marmelade machen, Eis, einen Sanddornkuchen, Saft, alkoholische Getränke, sie frisch oder getrocknet im Müsli oder im Milchreis verwenden. Bei Erkältungen stellen sie jede Zitrusfrucht in den Schatten, denn ihr Vitamin-C-Gehalt übersteigt den einer

Zitrone um ein Vielfaches – schon ein Teelöffel von den knalligen Früchten deckt den Tagesbedarf an Vitamin C. Gerade getrocknete Früchte lassen sich gut zu Tee verarbeiten, der das Immunsystem rundum stärkt und gegen Erschöpfung wirkt. Das Öl der Samen lindert Sonnenbrand und unterstützt die Wundheilung.

Ich bin ganz berauscht von dieser Landschaft, sie lässt mein Herz höher hüpfen, so wie auch das **Acker-Hellerkraut** (*Thlaspi arvense*). Es ist in Nordmecklenburg sowohl auf Äckern als auch in Ortschaften als Gartenunkraut zu finden. Seine Blätter und weißen kleinen Blüten probiere ich gleich: schmecken senfartig, mit einem Hauch Lauch, mit einem anderen Hauch Kresse. Und weil es so schmeckt, sollte man es in der Küche auch wie Lauch oder Kresse verwenden, nämlich roh auf hart gekochte Eier oder über ein Kartoffelgratin streuen. Man sieht es ihnen nicht an, aber die schwarzen Samen protzen mächtig mit Öl. Sie haben einen Ölgehalt von 33 Prozent, aus dem man, wenn man sich viel Mühe machen will, Speiseöl gewinnen kann. Aus zermahlenen Samen und getrockneten Blüten und Blättern wird Tee zubereitet, der gegen Menstruationsbeschwerden, Schnupfen, Haut- und Nierenentzündungen hilft. Alternativ zum Tee sind Aufgusssitzbäder oder Wickel. Bei Insektenstichen einfach den ausgepressten Blattsaft auf betreffende Haustellen träufeln, Schwellungen klingen schnell ab und jucken auch nicht mehr. Bei Zahnfleischentzündungen gibt es den Tipp, auf getrockneten Samen herumzukauen.

Das Schaulaufen der Tagesausflügler hat für mich hier in Boltenhagen nun ein Ende, ich will noch weiter bis nach Wismar, und zwar möglichst immer nah am Wasser entlang. Schon nach einigen hundert Metern gibt man mir als Autofahrer mit einem entsprechenden Schild zu verstehen, dass ich umkehren soll: Sackgasse! Ich glaube mal wieder nicht daran, vor mir liegt schließlich ein ausgebauter Weg, und irgendwo geht es immer weiter. Und, wusste ich's doch – schon bin ich wieder auf einer Straße gelandet. Grins. Ich schaue mir vom Hügel die Ostsee an, sie blitzt blau und grün, an manchen Tagen kann sie auch ganz schön grau sein. Überall sieht man kleine Wäldchen, die die DDR-Zeit schadlos überstanden haben.

An einer besonders schönen Bucht an der Landesstraße 1 muss ich halten, Wohlenberg heißt das schmucke Nest hier, ein ganz passender Name! Ein Paar mittleren Alters baut sich gerade eine Idylle aus zwei Campingstühlen, stellt einen Campingtisch und Sonnenschirm auf. Die Thermoskanne wird ausgepackt, eine Tortenhaube mit etlichen Stücken Kuchen.

«Wollen Sie ein Tass Kaff?» Die etwas beleibte Dame winkt mich zu sich.

Da sage ich natürlich nicht nein.

«Genießen Sie auch die Aussicht aufs Wasser?», fragt der nicht minder beleibte Mann, während mir seine Frau unaufgefordert ein Stück Sandkuchen in die Hand drückt.

«Ja, die Ostsee ist einfach herrlich, aber eigentlich bin ich wegen der essbaren Wildkräuter von MeckPomm hier.» Beim Mümmeln des gar nicht so trockenen Sandpuffers erkläre ich, was mein neuestes Experiment ist.

Wieder hebt die Frau ihren kräftigen Oberarm und weist auf eine Stelle jenseits der Straße. «Da finden Sie Sauerampfer, den pflücke ich mir nachher noch. Im Westen finden Sie vielerorts kaum noch Stellen, wo er in solch rauen Mengen wächst.»

Wie vom Krebs gekniffen springe ich auf, bedanke mich für Speis und Trank, renne über die zum Glück leere Straße und bin mitten in

einer lang gestreckten Wiese voll **Großem Sauerampfer** (*Rumex acetosa*). Zwischen seinen rostroten Blütenständen leuchtet wunderschön blaues Hügel-Vergissmeinnicht. Ein Traum. Ich könnte mich in diese Wiese hineinschmeißen, wenn der Boden nicht doch etwas feucht wäre (was der Sauerampfer zu schätzen weiß). Erste Rosettenblätter kann man schon im Januar sammeln, sie haben einen hohen Vitamin-C-Gehalt, und so ist das erste Grün im Frühjahr hochwillkommen. Lange Zeit nahmen Matrosen ihn mit an Bord, um dem gefürchteten Skorbut vorzubeugen.

Fein geschnitten oder püriert schmeckt er zu vielem, in Sahnesoßen, zu Fisch und Huhn, in Rühreiern, Kartoffel-Zucchini-Suppen, mit Tomaten, als Dip zu hart gekochten Eiern. Von früheren Kochversuchen weiß ich, dass sein frisch-säuerlicher Geschmack verloren geht, wenn man ihn zu lange erhitzt, dann bekommt er eine unansehnliche Farbe, wird so gräulich. Einige Blätter pflücke ich oft, sie befeuern sofort die Speichelproduktion. Getrockneten Sauerampfer kann man als Tee zubereiten, der eine harntreibende Wirkung haben soll. Allgemein stärkt er Immunsystem und Verdauung. Ein Umschlag mit Sud vom Sauerampfer lindert Hautprobleme.

Am liebsten würde ich noch weiter in diesem Meer aus Sauerampfer und Vergissmeinnicht baden – im richtigen Meer ist es noch zu kalt, Wagemutige ziehen aber schon Schuhe und Strümpfe aus und gehen ein paar Schritte Richtung Unendlichkeit; hier sieht es tatsächlich so aus, als wäre die Erde ein Teller, und würde man den Tellerrand erreichen, würde man hinunterplumpsen. Doch Wasser gibt es auch in Wismar, es wird Zeit, mein Ziel zu erreichen, ich will ja schließlich noch zurück nach Bremen. Bei der Einfahrt in Wismar ragt vor mir bald der ein oder andere sozialistische Plattenbau auf, dazwischen blitzt altes Gotisches und weniger alte Industriekultur hervor.

Ein Parkplatz mittendrin ist schnell gefunden, für zwei Euro darf mein Auto nun zwei Stunden ausruhen, Freundschaftspreise-Ost sind das hier noch! Kirchenmauern sind immer gute Orte für Pflanzenliebhaber, also nehme ich die als Erstes ins Visier. Alle Grünflächen rund um die Kirchen der Altstadt (Marienkirche, Nicolaikirche, Georgenkirche) klappere ich ab, doch nirgendwo entdecke ich ein Kraut, nicht einmal ein Kräutlein, dem ich nicht schon auf meiner Tour begegnet bin. Und die Bürgerhäuser rund um den Marktplatz mit der Wasserkunst, dem Wahrzeichen der Hansestadt, sind toll – aber wo bitte schön sind hier wenigstens ein paar Bäume mit ein bisschen Grün darunter? Die sucht man vergebens.

Vielleicht habe ich im Alten Hafen mehr Glück. So viele stolze Backsteinspeicher, aber wo gibt's bitte schön hier Pflanzen? Artenreich ist etwas anderes. Nach längerem Suchen werde ich am Graben vorm Alten Zollhaus fündig, «Runde Grube» und «Frische Grube» heißt das hier vielsagend – das lässt jeglicher Fantasie doch genügend Raum. Plumpsklo und frühere Grabenwaschanlagen lassen sich hier vermuten, aber das ist doch jetzt auch schon lange her! Mauer-Zimbelkraut dominiert hier allenthalben, weit genug entfernt vom allerdings immer noch trüben Wasser, aber das kann und soll man hier auch gar nicht futtern. Schmalhans ist in Wismar Küchenchef, man muss es ganz klar so sagen: Ich bin schon ein wenig enttäuscht.

Immerhin streckt sich dort die **Weg-Warte** (*Cichorium intybus*), ihre bläulichen Blüten zeigt sie leider noch nicht, dafür ist es noch zu früh im Pflanzenkalender. Sollte die freundliche Dame mit dem Kuchen sich mal keinen Kaffee mehr leisten können (was kaum anzunehmen ist), kann sie die Wurzeln dieser Pflanze trocknen, mahlen und danach zu Zichorienkaffee verarbeiten. Er ist übrigens auch die gesündere Variante zum handelsüblichen Kaffee, besonders wenn man viel davon trinkt. Da die Blätter etwas bitter sind, hat man sie früher zum Tabak hinzugefügt, nicht nur, um ihn zu strecken, auch um einen herb-männlichen Geschmack zu bekommen. Ein Tee aus Blättern, Blüten und Wurzeln (1 TL auf 250 ml Wasser) wirkt entgiftend, Bergarbeiter haben ihn einst massenhaft getrunken in der Annahme, ihren Körper dadurch zu entschlacken. Der großartige Paracelsus empfahl Wegwarten-Tee als schweißtreibendes Mittel, heute trinkt man ihn, um Gutes für Darm, Galle, Harnwege, Magen oder Milz zu tun. Ein Teeumschlag allein aus den Wurzeln mindert Pickel, Brei als Kompresse ist bei Augenentzündungen hilfreich. Eine früher ganz unverzichtbare Pflanze, seit langem eine meiner Lieblingspflanzen – bereits vom Aussehen her!

Nun fällt auch der zwei bis 20 Zentimeter hohe **Dreifinger-Steinbrech** (*Saxifraga tridactylites*) auf, eine ganz schön klebrige Art mit reichlich Öldrüsen, die sich ab dem 20. April intensiv rot färbt und Anfang Juni bereits oft vertrocknet, doch erste Rosetten bilden sich schon wieder im Dezember. Auch so eine niedliche Art und viel zu schade zum Aufessen. Gucken Sie sich die lieber an, entzückend sind die kleinen weißen Blüten zu den roten Stängeln. Wenn Sie doch Hunger danach bekommen, können Sie die Blätter verputzen. Einst wurde die Pflanze zusammen mit Bier gekocht und gegen Gelbsucht und verhärtete Drüsen eingesetzt. Wegen der Klebefähigkeiten benutzte man sie auch zur Leimherstellung.

Ach, der Nordosten der Republik ist jetzt ganz gut abgedeckt, kräutermäßig, versteht sich. Aber dass ich mich hier nun schon am von mir so geliebten Dreifinger-Steinbrech vergreifen musste, dafür schäme ich mich nun doch ein bisschen! Also gut, es zeigt eben auch, dass man schon vor Pfingsten einiges gefunden und verwertet hat und ich vieles noch woanders suchen möchte.

Am Niederrhein

die Festung Zons

Mein Vater ist auch ein Naturfreund und besaß früher ein dickes Buch mit vielen Schwarz-Weiß-Abbildungen über den Niederrhein. Auf einigen der Aufnahmen war auch die imposante mittelalterliche Festungsanlage Zons zu sehen, sie befindet sich am linken Rheinufer zwischen Köln und Neuss, mich hatte sie als Achtjährigen ziemlich beeindruckt, neben Abbildungen vom Hochwasser führenden und auch voll vereisten Rhein – Letzteres ist heute ja gar nicht mehr vorstellbar! In den Fünfzigerjahren war mein endiviensalatversessener Vater als Gärtner auf der Walz, darunter auch in der Pfalz, die es ihm besonders angetan hatte. Vielleicht wollte er dieses Fotobuch unbedingt haben, um seine nächste Mission hier am Niederrhein vorzubereiten.

Ich hatte zunächst am südlichen Ruhrgebiet zu tun gehabt, in der christlichen Georg-Müller-Grundschule in Gevelsberg erklärte ich mehreren quirligen Haufen von Dritt- und Viertklässlern die Pflanzenwelt rund um ihre Schule. Es ging hoch her, ich musste ständig bremsen. Nach anfänglichem Zögern wanderte allerhand Grünzeug in gierige Schülermünder, vorneweg natürlich immer die Mädchen. Hanna Breckerfeld besuchte die vierte Klasse, ich lasse sie jetzt mal zu Wort kommen, ich will ja nichts verfälschen:

«Als wir mit Herrn Feder rausgegangen sind, hat er uns den Löwenzahn gezeigt. Ich habe auch ein wenig davon probiert. Löwenzahn schmeckt eigentlich ganz gut – wenn man auf Pflanzengeschmack steht. Dann sind wir zu einer Böschung gegangen. Dort hat er uns den Weißen Gänsefuß gezeigt. Auch den hab ich probiert. Er schmeckt mir ganz gut. Meiner Freundin Julia schmeckte er nicht so gut. Manche Pflanzen durften wir in den Mund stecken, manche aber auch nicht, weil die giftig sind. Der Löwenzahn hat bitter und säuerlich und ein wenig komisch geschmeckt. Der Gänsefuß war ganz mild, fast geschmacklos. Der Rote Sauerklee war – wie der Name schon sagt – sauer und der Mund wurde danach ganz feucht. Dann gab es noch ein Heilkraut. Man muss es kneten und den Saft auf Wunden, Stiche und so etwas reiben und nach einer Minute ist die Wunde weg. Das Kraut heißt Spitz-Wegerich. Die Pflanze war für mich sehr nützlich, weil ich neun Mückenstiche habe. Die Pflanze hat echt geholfen. Und Giersch schmeckt echt scharf!» Da hat die schlaue Hanna aber sehr gut aufgepasst, bis auf den Schluss – scharf schmecken Beifuß, Rainfarn und Rauken, aber doch nie der Giersch. Aber vielleicht darf ich ja wiederkommen …

Ein anderes keckes Mädchen fragte mich, nachdem ich erklärt hatte, dass der Löwenzahn auch Kuhblume genannt wird: «Warum bleibt die Milch nicht in der Kuh, wenn sie draußen sauer wird?» Ja, lustig war es, und so wichtig, alle hatten ihren Spaß!

Nach Abschluss der Schulexkursion, es ist der 19. Mai, will ich also nach Zons. Nach kurzem Umherirren stehe ich auch schon an einer Ecke von alten Gemäuern aus dem 14. Jahrhundert. Urige Wohnhäuser und Gassen, die kreuz und quer verlaufen. Auf der anderen Rheinseite befindet sich Düsseldorf-Urdenbach, mit einer Fähre kann man hin und her fahren. Es ist einer der wenigen mittelalterlichen Orte, die noch so authentisch erhalten sind. Kein Wunder, dass die Anzahl der Touristen jährlich ansteigt. Erzbischof Kunibert von Köln ließ sich im 7. Jahrhundert zum ersten Mal über Zons aus, das nächste historische Ereignis war die Schlacht bei Worringen (heute ein Kölner Vorort), bei der die Bürger von Köln an der Seite des Herzogs von Brabant in Zons alles kurz und klein schlugen. Es war eine der größten deutschen Ritterschlachten im Mittelalter, der Bischof von Köln musste seine weltliche Macht abgeben, und es führte letztlich auch zur Gründung von Düsseldorf.

Doch genug der Historie, um Mühlentor, Rheintor, eine alte Windmühle und den Juddeturm prunken Kräuter, die das Mittelalter nur milde belächeln, sie haben in ihrer Geschichte ein paar Jahrhunderte mehr auf dem Buckel, etwa das gelb blühende, fast ein wenig wie Raps aussehende **Orientalische Zackenschötchen** (*Bunias orientalis*); es wird bis zu 130 Zentimeter hoch. Die jungen Blätter und Blüten schmecken scharf, nach Kohl (was auch nicht weiter verwundert, die Art mit diesem tollen Namen ist eine Kohlpflanze). Sogar ich als Koch-Laie erkenne sofort, dass man damit jeden Sonntagsbraten würzen kann, ebenso alle möglichen Brotaufstriche und Quarkspeisen. Das wiederum weiß ich von einem früheren Gärtnerkollegen, der aus dem Ural stammte. Dort war das Zackenschötchen ständiger Begleiter von Speisen. So kann die Wurzel wie Meerrettich verwendet werden. Zum ersten Mal sah ich das Zackenschötchen 1988 im Zuge des kleinen Grenzverkehrs im thüringischen Eichsfeld, das Dorf hieß Hüpstedt. Hüpfstedt wäre auch gegangen, denn ich freute mich, dieses mir bisher nur vom Pflanzenbuch her bekannte Kraut mal live zu sehen – und dazu noch in wahren Orientalen-Orgien. «Unfachleute» stufen die Pflanze inzwischen als aggressives Unkraut aus dem Osten kommend ein, dabei ist es eine wunderbare Wildpflanze.

Der bis 140 Zentimeter aufragende **Färber-Waid** (*Isatis tinctoria*) strahlt blasser gelb als das Zackenschötchen, und scharf ist er auch, bei meiner nächsten Buletten-Braterei werde ich ihn mal testen. Vielleicht sollte ich zur Abwechslung Gemüsebratlinge damit würzen … Die Fruchtstände sehen übrigens aus wie Gardinenleis-

ten. Der Name der Pflanze deutet daraufhin, wozu sie hauptsächlich gebraucht wurde: Schon in der Antike war sie eine begehrte Färbe-Pflanze, aus ihren Blättern gewann man Indigo zum Blaufärben von Gewebe. Im Mittelalter wurden bäuerliche Festtagsgewänder mit Indigo eingefärbt. Um den Farbstoff zu produzieren, wurden im Juni und Juli die Blätter eingesammelt, gewaschen, getrocknet und zu einem Brei zermahlen. Der wurde zu einem Haufen geschichtet, damit der Gärungsprozess starten konnte. Vierzehn Tage lang formte man aus ihm kleine, runde Ballen, die sogenannten Waidkugeln, und trocknete sie. Zum Schluss stampfte man diese Kugeln in Fässer ein, sodass der Farbstoff intensiver wurde. Eine erneute Gärung wurde in Gang gesetzt, und erst nach zwei Jahren konnte man Textilien damit färben, die dann durch Trocknen an der Luft ihre blaue Farbe bekamen. Ein hochkomplexer Prozess, der jedoch schon sehr früh bekannt war. Alle Achtung. Eine Heilpflanze ist der Färber-Waid auch noch, früher wurde ein Tee daraus gemacht, um Milzleiden zu lindern, äußerlich sollte er bei Geschwüren und Wunden helfen.

Und gelb geht es weiter, mit der **Gelben Resede**, auch **Gelber Wau** (*Reseda lutea*) genannt, sie duftet nur schöner als ihre beiden Vorgängerinnen. Klar, dass auch die jungen Blätter, Sprossen und Blüten dieser Art (sie schafft bis 60 Zentimeter) scharf schmecken, fast bitter, aber mit einer säuerlichen Komponente. So einfallslos ist die Evolution dann doch nicht gewesen. Fein gehackt schmeckt die Resede zu Erbsen, Spinat, Pilzen, zu allen möglichen Salatkombinationen, in einer Kräutersuppe oder einer Weinsoße für eine saftige Hähnchenbrust. Dass die Pflanze auch heilen kann, ist bei vielen in Vergessenheit geraten, liegt brach. Doch das ist schade. Ein Tee soll beruhigend und schmerzlindernd wirken. Wer unter Schlaflosigkeit und Nervosität leidet, sollte ihn ausprobieren. Resede-Umschläge wurden gegen Beulen, bei Blutergüssen, kleineren Schnittwunden und Quetschungen aufgelegt. Und woher kommt der lustige Name Wau? Hunde haben damit nichts zu tun (auf die kommen wir gleich im Anschluss noch). Wau leitet sich vielmehr vom mittelniederländischen Wort «wouw» ab, und auch die Gelbe Resede ist eine alte Färberpflanze, aus der man die Farbe Gelb gewinnen konnte.

Nun mal nichts Gelbes, jetzt ziert etwas zart Rosafarbenes alte Hecken und Gebüsche, eine echte Deko-Blüte: die sich bis drei Meter emporstreckende **Hunds-Rose** (*Rosa canina*).

Den Schülern aus Gevelsberg erzählte ich: «Die Hunds-Rose heißt Hunds-Rose, weil sie hundsgemein ist.» Natürlich nicht zu Hunden, sondern sie ist mit Abstand am weitesten verbreitet (gemein von allgemein). Sollten Sie mal eine Rosenart in der freien Landschaft identifizieren, sagen Sie dann immer gleich «Hunds-Rose», zu 95 Prozent liegen Sie richtig, denn alle anderen sind sehr viel seltener! Früher legte man einen Umschlag aus den Früchten und Blättern auf Hundebissstellen.

Die jungen, mild schmeckenden Blätter kann man fein hacken und in Eintöpfe geben, über Lammkoteletts und in Salatdressings. Die Blütenblätter geben ein schönes Aroma ab, wenn Sie ein paar davon in Ihren weißen Salatessig hineintun. Sie verfeinern Limonaden, Tee und Wein, sind aber auch eine essbare Dekoration auf Eis, Kuchen, Pudding oder Quark. Eine frühere Vermieterin schenkte mir noch zehn Jahre nach meinem Auszug einmal jährlich einen Kuchen mit den Blüten der Hunds-Rose drauf. Aus den roten Früchten, den Hagebutten, lässt sich Hagebuttentee zubereiten (den gab es ja immer in Jugendherbergen und Schullandheimen – dazu kein weiterer Kommentar), Kompott, Marmelade, eine Tomatencreme verfeinern, sie unterstützen auch Gärungsprozesse bei der Branntweinherstellung. Gemahlene Samen wurden benutzt, wenn Kaffee ausgegangen war. Hagebutten haben einen extrem hohen Vitamin-C-Gehalt (Sanddorn liegt hier im Ranking vorn), weshalb sie hervorragend Erkältungen vorbeugen. Eine Kompresse aus getrockneten Früchten und Blüten hilft bei Mandelentzündungen und Hautunreinheiten. Die behaarten Samen benutzte man einst zerquetscht bei Insektenstichen. Innerlich und äußerlich ist die Hunds-Rose also eine Art gesundheitliche Wunderwaffe. Sie ist nicht nur die häufigste, sondern auch die schönste Wildrose, die hellrosa Blüten geben ihr ein klares, offenes Gesicht.

Bei Königswinter

auf dem Drachenfels

I st man denn schon mal in Zons, sagt man sich: «Och, der Drachenfels ist ja nun auch nicht mehr so weit weg.» Gesagt, getan. Über Dormagen, Köln und Bonn geht es über Land, unglaublich viele Radfahrer rasen einem entgegen oder auch mal an einem vorbei. Es gibt nicht nur das traditionelle Radrennen «Rund um Köln», sondern auch viele Radfahrerhochburgen wie Hürth, Pulheim und Worringen. Im März / April war ich ja, ich sagte es bereits, zum ersten Mal am Mittelmeer gewesen, gleich auf Mallorca – eine wirklich herrliche Insel im Frühjahr, kann ich berichten und bestätigen! Wenn da nur nicht diese Tausende von wilden Radfahrern gewesen wären, zwei-, dreimal hätte ich fast einen von denen auf der Motorhaube gehabt. Also, das Wort «rücksichtslos» wurde auf Mallorca kreiert! Daran werde ich nun wieder erinnert.

Nachdem ich den Bahnhof von Königswinter erreicht und mein Auto dort abgestellt habe, gehe ich über den örtlichen Friedhof in das sogenannte Nachtigallental, ein Naturschutzgebiet. Von hier aus stiefele ich hinauf ins Siebengebirge, auf den 321 Meter hohen Drachenfels mit seiner allseits bekannten Ruine, Burg Drachenfels. Rheinromantik und Stille pur, von der besonders Briten wie Lord Byron im 19. Jahrhundert begeistert waren, sie schwelgten sich von Gedichtzeile zu Gedichtzeile. Anders der deutsche Dichter Heinrich Heine, der nach einem burschenschaftlichen Ausflug 1820 mehr realistisch notierte: «Sieh nun, mein Freund, so eine Nacht durchwacht ich / Auf hohem Drachenfels, doch leider bracht ich / Den Schnupfen und den Husten mit nach Hause.»

Mmh. Drachenfels – bei diesem Namen hatte ich mir so richtiges felsiges, blankes und aufragendes Gestein vorgestellt, war er doch durch aufsteigendes Magma entstanden (das aber nicht ausbrach, sondern unmittelbar unter der Erdoberfläche stockte). Doch kein Blick steil in die Tiefe hinunter erwartet mich, um mich herum sehe ich fast nur Wald, durch den hin und wieder etwas Steiniges hindurchschimmert. Aber die Enttäuschung ist schnell vergessen, denn es ist so ein toller Tag, die Luft klar, und unheimlich weit kann man gucken. Wer sagt, dass das Rheinland trübe und stickig ist, der wäre an diesem Tag eines Besseren belehrt worden. Ich kann locker den Kölner Dom sehen.

Ich fotografiere mal wieder wie wild, sogar ein paar steile Abhänge gibt es hier dann doch noch.

«Ist das nicht herrlich!» Ein Ehepaar Ende vierzig gesellt sich zu mir und der Mann verwickelt mich in ein Gespräch. «Wir kommen aus der Gegend und sind öfter hier oben. Der Ausblick ist einfach fantastisch.»

«Das stimmt», sage ich. «Ich bin zum ersten Mal hier.»

«Soll ich Ihnen das Haus von Konrad Adenauer zeigen?», ereifert sich der bebrillte Mann, ein Jeansträger, dazu buntes Hemd, das in der Hose steckt. Bevor ich antworten kann, fährt er schon, seine Hand im Einsatz, fort: «Dort drüben in Bad Honnef, genauer in Rhöndorf, genau dieses weiße Haus da mit dem langen Dach, da hat unser erster Bundeskanzler bis zu seinem Tod 1967 gewohnt. Daneben gibt es jetzt ein Museum, in dem alles Mögliche an Dokumenten zu sehen ist, die Adenauer betreffen.»

Habe ich einen Adenauer-Fan vor mir, etwa einen Lehrer? So genau ist der Mann nicht einzuschätzen, seine Frau im luftigen Sommerkleid und Strickjacke noch weniger, denn bislang sagte sie kein einziges Wort. «Da genau verläuft die Grenze zu Rheinland-Pfalz, quer über diese Rheininsel – Nonnenwerth.» Er scheint noch beseelt vom lange zurückliegenden Karneval zu sein.

«Der Adenauer hat ja den Karneval nicht so gern gemocht.» Vorsichtig taste ich mich heran. In dieser Hinsicht hätte ich mich mit dem Rheinländer solidarisieren können, man kommt sich im Karneval so nahe und ist doch so prüde. Ich hasse den Karneval nicht, aber so richtig etwas anfangen kann ich auch nicht mit ihm. Bin eben in Flensburg zur Welt gekommen.

Die Ehefrau mischt sich nun ein, macht eine wegwerfende Geste: «Aber wenn es drauf ankam, wusste er sich schon ins rechte Licht zu setzen. Kümmerte sich um die Leute, die den Karneval finanzieren sollten, damit er am Ende gut dastand und seine Wähler nicht vergrätzte.»

«Na ja», wage ich zu sagen, «der Adenauer war nicht unbedingt der Demokrat, den man sich nach dem Ende des Zweiten Weltkriegs gewünscht hätte.»

Der Brillenträger ist da anderer Meinung, auch anderer Meinung als seine Frau, die mir zunickt, denn er erhebt seinen Finger (also doch Lehrer): «Adenauer wurde 1933 illegal von den Nazis entmachtet, seinen Posten als Oberbürgermeister von Köln war er los. Und danach fühlte er sich von den Nationalsozialisten bedroht, wurde sogar zweimal verhaftet, das letzte Mal am 20. Juli 1944, als das Attentat auf Hitler verübt wurde.»

Gut, Adenauer hat es auch geschafft, nach Moskau zu reisen, um die deutschen Kriegsgefangenen nach Hause zu bringen, natürlich mit entsprechender Gegenleistung. Es gibt auch eine Edelrose, die nach ihm benannt ist, gefüllt und rot, aber eigentlich war ich gar nicht wegen ihr hier. Dann zeigt mir der Lehrer nicht nur den Kölner Dom und die Rauchfontänen vom Frechener Braunkohlenrevier (einfach frech, wie man da den Leuten ihre Dörfer plattmachte), sondern sogar ganz entfernt den Düsseldorfer Fernsehturm. Ein Blick praktisch fast achtzig Kilometer nach Norden. Im Anschluss verabschiede ich mich aber höflich und setze meine Mission fort.

Nach kurzem Umschauen erscheint die **Weg-Rauke** (*Sisym-*

brium officinale) mit ihren kleinen gelben Blüten. Es geht wieder hinab, diesmal parallel zur Schmalspurbahn. Die Pflanze (30 bis 100 Zentimeter hoch) ist oft sparrig verzweigt mit fast 90 Grad abstehenden Sprossen und damit unverkennbar. Sie sieht im Sommer immer so aus wie eine Mini-Fernsehantenne. Die jungen feinen Blätter und Sprossen schmecken richtig gut, mild-scharf, leicht senf- und kresseartig, roh passen sie gut aufs Butterbrot, ansonsten zu Waldpilzen oder Eintöpfen mit Bohnen, Linsen oder Erbsen, auch in Kartoffelgerichten zu verwenden. Die Samen kann man pulverisieren und als Senfpulver benutzen – ein wenig davon in die Sauce hollandaise geben, und schon bekommt der Spargel einen neuen Pfiff. Man kann mit dem Pulver auch experimentieren, Sahnesoßen zu Lachs oder Huhn etwa damit abschmecken. Frisch oder getrocknet ist es ebenso ein Arzneikraut, es soll bei Heiserkeit, Atemwegs- und Hals- und Rachenentzündungen helfen. Aus diesem Grund wurde es volkskundlich «Sängerkraut» genannt.

Leider ist die Weg-Rauke eine Pflanze, an der Hunde gern ihr Bein heben. Man sollte also immer hellwach sein, bevor man irgendetwas abpflückt.

In diesem Bergland gedeiht weiter der **Wiesen-Pippau** (*Crepis biennis*), ebenfalls eine Wildkrautdelikatesse (50 bis 120 Zentimeter hoch). Er ist mit seinen gelben Blüten dem Löwenzahn verwandt, doch seine jungen, knackigen Blätter schmecken weniger bitter, irgendwie herzhafter, und so passt er zu jedem Gemüsegericht und jedem Salat. Auf die Samen stürzen sich auch Kanarienvögel, Heilwirkungen sind bei ihm unbekannt, aber ein Blick auf eine saftige Wiese mit viel blühendem Pippau stärkt bereits jede Seele.

Fast hätte ich ihn bei all dem Gelb übersehen, den bis einen Meter hoch wachsenden **Rainkohl** (*Lapsana communis*), im Volksmund auch als Hasenkohl bekannt, denn er wurde und wird gern als Futter für Stallhasen und -kaninchen gesammelt. Was für Langohren gut ist, muss für Menschen nicht schlecht sein. Junge Blätter schmecken herb-kräftig (später wird's richtig bitter), eine gute Ergänzung zum etwas öden Endivien- oder Kopfsalat. Ich mag sie gern auf Wurst- oder Käsebroten. Die jungen Sprosse kann man wie grünen Spargel braten oder einer Gemüsepfanne hinzufügen. Die Blüten sind essbar, vielleicht ein bisschen zu sehr behaart. Ein Tee aus Blättern und gelben Blüten hilft bei

Verstopfung. Die Pflanze enthält Inulin, eine Substanz, die zur Regeneration des Darms beiträgt. Der Milchsaft vom Rainkohl soll die Heilung von Wunden beschleunigen, dazu hackt man Blätter klein und macht aus ihnen einen Umschlag. Äußerlich aufgetragene zerquetsche Blätter sollen allgemein beruhigend auf die Haut wirken. Man nimmt an, dass der Rainkohl schon in der Steinzeit als Heil- und Nahrungsmittel bekannt war.

Der Drachenfels ist schön und gut, aber ich will nun zurück zum Friedhof Königswinter. Er ist still und verwildert, offensichtlich lebt hier gar kein Gärtner. Bis auf den Hauptweg nirgendwo gepflasterte Pfade, wie es auf vielen städtischen Friedhöfen üblich geworden ist, damit man die Toten auch noch in High Heels besuchen kann. Pudelwohl fühlt sich an diesem verwunschenen Ort mit viel altem Gemäuer der **Acker-Schachtelhalm** (*Equisetum arvense*), massenhaft gibt es ihn hier, erfolgreich wächst er auf vielen Gräbern. Er sieht mit seinen grünen, nadelförmigen Blüten aus wie ein kleiner Tannenbaum, und er ist der einzige Schachtelhalm,

der nicht giftig ist. Nutzpflanzen sind letztlich fast alle Pflanzen, die schön aussehen und die man angucken kann. Aber muss man auch immer alles verwerten? Da befällt mich doch ein Unbehagen, wenn Pflanzen nur noch unter ihrem Gebrauchswert betrachtet werden. Aber auch der Acker-Schachtelhalm kann wieder einiges. Die Halme kann man sehr jung als Gemüse kochen (etwas herb, darauf sollte man gefasst sein) oder als Füllung von Aufläufen verwenden, ebenso die Stängel, die milder im Geschmack sind, fast ein wenig pilzartig. Der Tee ist harntreibend und gut gegen Bindegewebsschwächen, Frostbeulen, übermäßige Menstruationsblutungen, Nasenbluten und Rheuma. Frisch gepresster Saft wurde früher zur Blutstillung benutzt. Da der Acker-Schachtelhalm sieben Prozent Kieselsäure enthält, hat man ihn als «Zinnkraut» zum Polieren von Zinngeschirr, Zinntellern und sonstigen Metallgefäßen verwendet.

Nahe des Friedhofs bin ich nun ganz erpicht auf den **Schmalblättrigen Doppelsamen** (*Diplotaxis tenuifolia*). Er hat im ganzen Rheinland besonders viel Erfolg. Der wilde Rucola (30 bis 80 Zentimeter hoch), aus dem Mittelmeergebiet stammend, ist verwandt mit Kohl, Raps und Senf. Die Pflanze riecht und schmeckt intensiv nach gesalzener Bratensoße. Bei dieser populären Nutzpflanze können Sie Ihrer Fantasie freien Lauf lassen und die gelben Blüten, Blätter, Sprosse und jungen Schötchen gehackt auf eine Pizza legen, Salaten beigeben, Ziegenkäse damit umhüllen, Omeletts und Tomaten damit bestreuen, in Frischkäse rühren … Im 16. Jahrhundert wurde der Schmalblättrige Doppelsame als «weißer Senf» bezeichnet. Sollte man roh zu viel davon essen,

133

würde das zu Unkeuschheit reizen, so warnte Leonhart Fuchs, der in Schwaben geborene Mediziner und «Vater der Botanik», der 1543 sein *New Kreüterbuch* veröffentlichte.

Puh, war das ein langer Tag. Es dämmert auch schon. Zeit fürs Abendbrot. Ich habe so viele Kräuter auf meiner Zunge getestet, da dürfen es jetzt auch wieder Bananen, Kekse und Mettwürste mit Orangensaft sein – auf der Fahrt zur nächsten Sammelstation, zur Mündung der Sieg in den Rhein.

Mondorf

am Zusammenfluss von
Rhein und Sieg

Heute Abend, es ist mittlerweile der 20. Mai, bin ich eingeladen, nicht zum Essen, aber von Bettina Böttinger zu ihrem *Kölner Treff*. Mit von der Partie sollen die Schauspielerin Anna Loos, die Autorin und Kolumnistin Katja Kessler, Oli P. und noch ein paar andere sein. Eigentlich muss ich vorher noch einen Friseur ausfindig machen, so geht das nicht, die Haare stehen mir zu Berge. Aber eine Handvoll Rheinwasser hat es wiedergutgemacht! Fast fünfzig Nilgänse, die träge am Ufer und auf der Wiese standen, haben mir frühmorgens dabei zugeguckt. Richtig laut können die rufen, heute aber waren alle wohl von mir bedient und blieben schön auf Abstand! Ein blau kariertes Hemd und ein dunkelblaues T-Shirt sind noch ungebraucht, für die Talkshow hatte ich die Sachen extra eingepackt. Da sie schon länger im Auto liegen, werden sie wohl etwas müffeln, aber da müssen die anderen Gäste durch. Doch noch liegen Stunden vor dem Fernsehauftritt, in Ruhe kann ich mich der Pflanzenwelt von Mondorf widmen, dem ersten Ort im Niederrheingebiet, der Kölner Tieflandbucht. Der Name «Mondorf» entwickelte sich aus «Mündungsdorf».

Im Yachthafen an der Sieg war erst am frühen Morgen Ruhe eingekehrt, jetzt schlafen die Feierfreudigen, eine Fähre setzt über den Rhein, auch bei mir kann es losgehen. So schön üppig wächst das **Drüsige Springkraut** (*Impatiens glandulifera*), die rosenroten Blüten bilden aber erst ab Juli einen hübschen Kontrast zum blauen Wasser. Millionen von Pflanzen haben es sich an der unteren Sieg gemütlich gemacht (nicht nur dort, die Art ist sehr invasiv!). Hummeln in ihrem dicken «Pelz» werden zahlreich von ihnen angelockt. Berührt man im Spätsommer und Herbst ihre reifen Kapseln, explodieren sie förmlich und schleudern die Samen bis sechs Meter weit heraus, dabei erschrecken einige regelrecht. Wie ich ist auch diese über drei Meter hohe Pflanze manchmal ungeduldig (= lat. *impatiens*), die passt doch wirklich gut zu mir!

Roh sollte man von den Blättern nicht allzu viel futtern, sie wirken harntreibend und etwas abführend (außer man will gerade das erreichen). Gekocht schmecken die jungen Blätter und Sprosse herb-mild, sie aromatisieren Eintöpfe oder bunte Gemüsegerichte auf ganz neue Weise. Ich liebe die Samen, die schmecken roh nach Nuss, genauer gesagt nach Walnuss. In der Pfanne erhitzt, springen sie dann wie Popcorn herum und erinnern im Geschmack eher an Fast-Food-Kartoffeln (Pommes frites). Man kann die Samen beim Keksebacken verwenden, in Aufläufen oder Brotaufstrichen. Auch die Blüten sind essbar, sie schmecken süßlich – eine 1-a-Deko für Salate. Der Pflanzensaft hemmt Entzündungen, sodass ein Brei aus Blättern und Blüten bei der Wundheilung helfen soll (reduziert die Narbenbildung). Bei Hexenschuss lindert eine Teekompresse die Beschwerden.

Eine weitere Hochstaude dominiert hier das Terrain, die **Riesen-Goldrute** (*Solidago gigantea*). Noch blüht sie nicht, ihr typisches Gelb in Kaskaden wird sie erst ab Juli / August zeigen, wenn der Sommer seinen Höhepunkt erreicht. In der Küche zählt sie nicht zu den großen Stars, dort wird sie kaum verwertet (noch!), doch als Survival-Nahrung ist sie ganz beachtlich: Blüten, junge Blätter und Samen sind essbar. Junge Triebspitzen schmecken unglaublich aromatisch, leicht nach Bohnen, die Blätter haben einen spinatähnlichen Geschmack, entsprechend kann man sie zubereiten und in Nudelgerichten und Aufläufen verwenden. Die Blüten wiederum gehen in Richtung Honig. Als Heilpflanze war die Goldrute schon den nordamerikanischen Indianern bekannt, die Blüten wurden gegen Halsschmerzen gekaut. In unseren Breiten gilt sie als Allzweckwaffe und Vorbeugung für gesunde Harnwege und Nieren. Junge Blätter und Blüten ergeben auch hervorragenden Tee, mit dem der Mund bei Zahnfleischentzündungen ausgespült wird, auch kommt

er bei Keuchhusten und Asthma zum Zug. Die Goldrute gehört zu den Färberpflanzen, falls jemand gerade die Farbe Gelb benötigt. Jetzt ist dieser ausbreitungsfreudigen Art wohl hoffentlich der Schrecken genommen!

Eigentlich müsste ich mich doch noch irgendwo duschen, bevor es Richtung Köln und Fernsehstudio weitergeht. Ich muss daran denken, wie meine Eltern uns Kinder auf Sparsamkeit trimmten. Wenn ich duschte und nicht badete, gab es 10 Pfennig. Wir bekamen also Geld, wenn wir etwas vermieden – eine übliche Badewanne fasste durchschnittlich 120 bis 150 Liter Wasser. Beim Duschen werden nur rund 15 Liter pro Minute verbraucht – und keiner von uns duschte länger als drei Minuten. Natürlich wählten wir die Duschoption, das Geld ließen wir uns nicht entgehen. Meine Mutter lag aber lieber in der Badewanne, und dies stets ohne 10 Pfennig zu bezahlen.

Potsdam

um die Glienicker Brücke

N ach dem Gruppenfoto mit Bettina Böttinger gab es noch einiges zu essen, aber Extrem-Botaniker haben bekanntlich wenig Zeit, jedenfalls dann, wenn draußen in der Natur die Hölle los ist. Eine weitere Exkursion steht auf meinem Plan, Samstagvormittag um elf bei Berlin, Treffpunkt Glienicker Brücke, mindestens sechs Stunden Autofahrt sind zu bewältigen (bei meinem «Tempo»), und einige Stunden Schlaf müssen auch noch drin sein, das bin ich den Pflanzen schuldig (und den Exkursionsteilnehmern sowieso). Zum Glück ist es nachts dunkel, ich kann an den Straßenrändern nichts sehen und dann halte nämlich auch ich nicht an!

Unterwegs auf der Autobahn überholt mich ein Lkw, auf dem «korngesundes Brot» zu lesen ist, und als ich auf der A2 durch Ostwestfalen brause, lese ich auf einem Autobahnschild «Lebensmittelzentrum Ostwestfalen». Wenn man in Ostwestfalen schon keine Königsallee, kein pompöses Schloss, keinen Fußball-Erstligisten und nicht mal eine Person von Weltrang vorweisen kann, dann lassen sie hier wenigstens Granini, Melitta, Ostmann und Dr. Oetker grüßen, der Cheruskerfürst Arminius ist ja auch schon lange tot. Aber immerhin passt das zum Thema, und so «angefüttert» schaffe ich es auch fast bis nach Potsdam.

Vor zwei Jahren war ich zum ersten Mal in Potsdam. Die brandenburgische Landeshauptstadt hatte mir ausnehmend gut gefallen, überall merkte man noch das Preußische. Allein die schnurgeraden Straßen – ich konnte mir richtig gut vorstellen, wie damals die Soldaten auf dem Pflaster aufmarschierten, der Militarismus die

Stadt durchdrang. Zum Gradlinigen aber gibt es die wellige Landschaft, das hat schon was. Die Potsdamer waren und sind total wasserverrückt. Nackt, halbnackt, in jeder Variante liegen Groß und Klein an schönen Wochenenden schon um neun Uhr morgens an den Badeseen herum. Im Mittelgebirge sieht man hier und da einen Bach, aber ein solcher ist bald den Augen entschwunden, ganz anders die ausgedehnten Seenlandschaften um die Metropole Berlin.

Bereits um halb acht bin ich – erstaunlich fit (übernachtet habe ich auf einer Raste bei Werder) – an der Glienicker Brücke, die die Havel quert und immer als «Brücke der Spione» in Erinnerung bleiben wird. 1962 fand auf ihr der erste Agentenaustausch statt, da wurde der Spitzenspion der UdSSR, Rudolf Iwanowitsch Abel, gegen Francis Powers ausgetauscht, der ein Pilot und CIA-Agent war. Die DDR hatte sich in die Dienste der Sowjetunion gestellt, alles zum guten Zweck; Abel, der verschiedene Decknamen hatte, war einer jener in die USA eingeschleusten Russen, der amerikanische Atomgeheimnisse verriet. An diesem sonnigen Tag, die Havel strömt unter der 128 Meter langen Stahlbrücke hindurch, ist von jenen nächtlichen Geheimaktionen zu Zeiten des Kalten Krieges nichts mehr zu spüren. Auch nicht, dass die Brücke 1907, als sie in dieser heutigen Gestalt für den Eisenbahnverkehr zugelassen wurde, Kaiser-Wilhelm-Brücke hieß. Der Name hat sich nicht durchgesetzt. Und als die Brücke 1660 als Holzbrücke erbaut wurde, sollte sie nur adligen Jagdgesellschaften den Zugang zu den beidseitigen Wäldern ermöglichen.

Nach dem Ende der heutigen Exkursion suche ich noch einmal ganz für mich allein jene Wildkräuter auf, ein Dreierpack, die ich vorher in der Gruppe gezeigt hatte (zudem waren Flaumiger Wiesenhafer, Knolliges Rispengras, Mauerraute, Sumpf-Gänsedistel und schon verblüht massenhaft von jenem Berliner Lauch zu finden). Da ist zunächst die **Weg-Malve** (*Malva neglecta*). Viele mögen diese sonnenhungrige Pflanze mit den rosafarbenen Blüten, die wenigsten wissen, dass man sie essen kann. Auch hier ist es ratsam, nur junge Blätter und Sprosse auf den Speiseplan zu setzen, man kann sie als Gemüse zubereiten (mit Sahne und Muskat abschmecken), in Grüner Soße verwenden oder einfach zu Salat schnippeln. Junge Früchte kann man roh essen, reif zu nahrhaftem Brei verkochen.

Malven gehörten zum Arzneiarsenal antiker Ärzte. Der römische Feldarzt Dioskurides empfahl Malvensaft täglich zu trinken, er hielt ihn für sinnvoll, um gegen eine ganze Palette von Krankheiten gewappnet zu sein. Tee getrockneter Blätter und Blüten hilft bei Gastritis, Husten, Heiserkeit, Kehlkopf- und Mandelentzündungen, äußerlich bei Gesichtsallergien, Geschwüren, geschwollenen Füßen oder Händen sowie Wunden. Der Malventee aus Apotheken und Geschäften wird aber nicht aus der Weg-Malve, sondern aus der deutlich auffallenderen Wilden Malve (*Malva sylvestris*) gewonnen.

Nummer zwei ist **Loesels Rauke** (*Sisymbrium loeselii*), eine ostdeutsche Art par excellence. Die gelb blühende Pflanze heißt so, weil sie erstmals im 17. Jahrhundert vom Arzt und Botaniker Johannes Loesel beschrieben wurde, er fand sie 1654 in Danzig. Blätter und junge Sprosse sind, obwohl jung, ganz schön scharf, ähnlich schmeckt die Weg-Rauke (siehe S. 129). Alles, was mild ist, verträgt prima mal Loesels Rauke: Frischkäse, milder Hart- oder Ziegenkäse, Quark, Champions, Kalbfleisch, Kartoffel- und Makkaroniaufläufe. Als alleinige Salatpflanze, die Blüten sind übrigens auch essbar, ist sie ungeeignet – zu viel Eigenaroma, zu viel Schärfe. Aber Grillfleisch kommt gut mit der Rauke klar, auch Pizza mit Parmaschinken. Ein Tee aus Blättern und Blüten regt den Stoffwechsel an und wirkt entzündungshemmend.

Das Potsdamer Trio komplettiert der **Gewöhnliche Natternkopf** (*Echium vulgare*), er hat so hübsche blauviolette Blüten, leider sind seine Blätter stark behaart, was eher stört. Daher sollte man junge Blätter und Sprosse eher dem Zauberstab überantworten, so werden die Härchen zertrümmert und man erhält einen Smoothie, der leicht nach Gurke schmeckt. Klein gehackt und gedünstet wird der Gewöhnliche Natternkopf als Wildgemüse verwendet. Sein Name geht auf die frühere Verwendung bei Schlangenbissen zurück, aber auch die Blüte sieht aus wie ein geöffnetes Schlangenmäulchen. Zudem ist die Art harntreibend, hustenlösend, schweiß-

treibend und wundheilend. Für diese Wirkungen empfiehlt sich die Teezubereitung aus getrockneten Blüten und Blättern. Natternköpfe strotzen nur so von Linolsäure, einer Fettsäure, sie finden in der Welt der Kosmetika (Cremes) Verwendung. Wegen ihrer raketenartig steif-aufrechten Blütenstände wird die Pflanze auch Stolzer Heinrich genannt.

Ich setze mich ans Havelufer und überlege, wonach mir gerade der Sinn steht. Morgen habe ich noch eine Exkursion, und zwar bei Lebus an der Oder. Dazu haben sich sogar Leute aus Schweden angesagt, alte Brandenburger, die die Stille suchten und dort im hohen Norden auch fanden. Nach der Exkursion am Sonntag haben sie ein Picknick geplant mit Kuchen, Salaten und Würsten und hatten mir geschrieben: «Sie sind herzlich eingeladen.» Ich ziehe mein Handy hervor, lese die Nachricht noch einmal, dann ist mein Entschluss gefasst. Ich will an diesem Samstagnachmittag schon nach Lebus, einem Ort an der mittleren Oder, zehn Kilometer nördlich von Frankfurt; auf der polnischen Seite grenzt die Woiwodschaft Lebus (Województwo Lubuskie) an. Natürlich könnte ich mir Potsdam noch genauer ansehen, aber das kann ich auch ein anderes Mal machen – an die Oder kommt man dagegen nicht so schnell.

Bei Lebus

die Oderhänge im Landkreis
Märkisch-Oderland

Kurz vor zwanzig Uhr komme ich erst an, die Müdigkeit hatte mich bei Fürstenwalde doch noch erwischt. Bis vor kurzem bin ich in solchen Fällen noch Schlangenlinien gefahren, aber jetzt im Alter werde auch ich mal vernünftig – also ein kurzer Stopp, wieder auf einem Rastplatz. Polnische Lkw-Fahrer trieben Sport, warfen sich einen Tennisball zu. Zwei andere auf Klappstühlen grillten – ich musste bald weiter, nach passenden Kräutern Ausschau halten.

Bei Lebus wird es an diesem 21. Mai noch mindestens zwei Stunden hell sein. Ich genieße den Blick auf die Oder, doch ein anderes Format als die Havel, ein richtiger Strom, zudem mit viel Geschichte verbunden. An die Verbrechen der Nazis und die erbitterten Kämpfe der letzten Kriegsmonate will ich nicht denken. Also, was geht denn heute noch? Es gibt einige Alternativen der Abendgestaltung! Am Parkplatzende der schmalen Hangstraße steht ein weiteres Auto, weit und breit sehe ich aber niemanden. Ich folge einem schönen Sandweg den Berg hinab hinein in die Oderaue. Bis zum Büchsenlicht schieße ich mit meinem Fotoapparat noch eine ganze Anzahl von Pflanzen ab, darunter Lieblinge wie Gewöhnliche Ochsenzunge, Kahle Gänsekresse, Kartäuser-Nelke, Kegel-Leimkraut, Sand-Mohn und Silbergras – sie alle bevölkern das Gebiet. Aber Frühlings-Adonisröschen und Sumpf-Wolfsmilch suche ich die ganze Zeit vergebens, ist hier tatsächlich der Treffpunkt für morgen?

Gedankenverloren gehe ich zum Auto zurück, es ist fast dunkel, der andere Wagen steht immer noch da. Auch unterwegs kein

Mensch, nur auf einigen Buhnen auf polnischer Seite ein paar Angler mit rauchenden Feuerchen am lauen Vorsommerabend. Die erste Bockwurst noch gar nicht richtig aufgegessen, da höre ich Stimmen. Oh, vielleicht doch ein Liebespaar? Hoffentlich hat es sich bald ausgeliebt, denn in der Nähe von anderen Autos schlafe ich ungern, da könnte ja jemand mitten in der Nacht kommen und gucken, was es in meinem Škoda so alles gibt.

Aber es ist ein Anglerehepaar, so um die fünfzig, sofort an der Ausrüstung erkennbar. Bei meinem Rundgang am Wasser hatte ich keine Angler auf «meiner» Oderseite bemerkt, wo kommen die her? Wahrscheinlich haben sie ihr Glück weiter entfernt gesucht, wo ich sie nicht habe sehen können. Die Frau ist schneeweiß aufgetakelt, wie die Katzenberger, aber von kräftiger Gestalt. Er ist spiddelig und verstaut die Sachen sogleich im Kofferraum.

«Ganz tolle Gegend hier», beginne ich ganz unverfänglich, damit sie nicht was weiß ich über mich denken (etwa so, wie ich grad über sie …). «War das früher schon alles Ackerland?» Ich mache einen großen Armschwenk, um die wellig-buckelige Umgebung einzubeziehen. Zum Glück ist noch kaum Mais zu sehen.

Daniela II., mein Geheimname, schüttelt energisch ihre Mähne. «Bis zur Wende weideten hier, so weit das Auge reichte, Rinder.»

Ich frage weiter: «Es gibt hier eine fette Wolfsmilchpflanze mit jetzt gerade so leuchtend gelben Blütenständen, die an Keulen erinnern. Muss an Ufern oder im Sumpf wachsen, ist sie Ihnen hier eben irgendwo aufgefallen? Die Sumpf-Wolfsmilch!»

Und ganz erstaunlich: Wie aus der Pistole geschossen kann sie mir gleich mehrere Wuchsorte beschreiben, ebenso ihr Mann, der sich inzwischen zu uns gesellt hat. Angler scheinen doch nicht nur Fische im Blick zu haben. Und Daniela II. und ihr dürrer Mann scheinen hier auch öfter herzukommen, denn auch die Stellen mit Adonisröschen und Graslilien erklären sie mir minutiös – ich bin vorhin nur noch nicht weit genug von Frankfurt / Oder aus nach

Norden gefahren, der richtige Parkplatz an der Bundesstraße 100 kommt also erst noch.

«In manchen Dörfern riecht es ja noch wie früher hier», fahre ich fort, weil mir sonst nichts Kluges einfällt. «Noch nicht alles so steril, noch viel Wildwuchs …»

Und dann geht es los, ein Loblied auf die alte DDR wird angestimmt, ich habe es mit strammen Ex-DDR-Bürgern zu tun, vor allem in Gestalt von Daniela II. «Früher war alles besser», beginnt sie ihren Monolog. «Man hat uns alles genommen. Man hat sich damals richtig die Meinung gesagt. Es ist nicht wahr, was man heute so liest. Ich habe in einer Kindertagesstätte gearbeitet, jeder sagte da offen seine Meinung. Man hatte klare Gespräche. Mir passierte nie etwas. Nur Gerede aus dem Westen. Spitzel gab es nicht, vielleicht vereinzelt. Stattdessen ein viel größerer Zusammenhalt!»

Dass dieser der Not geschuldet war, sage ich lieber nicht, auch nicht, dass sie sich wohl eine Menge schönredet. Sie hat völlig verdrängt, dass Menschen in der DDR verfolgt wurden und nicht wenige für ihre Äußerungen viele Jahre im Gefängnis saßen. Manche wurden sogar ermordet. Selbst wenn ich das laut aussprechen würde, die beiden würden mir nicht glauben. Die Angler sind auch zu zweit und haben sogar Ruten dabei, ich dagegen kann nur mit Bananen, Keksen und Würstchen drohen – ach was, eine Rosenschere und die Regenschirme habe ich auch mit dabei.

Wohl eine halbe Stunde geht es so, es ist stockduster. «Der Osten blutet aus, über ein Drittel der Plattenbauten in Frankfurt / Oder stehen leer. Das ist die westliche Wirtschaftsdiktatur. Manche Gegenden fallen hier einfach durchs Netz.»

Damit hat die Frau natürlich völlig recht. Ich sage: «Ich bin auch nicht mit allem einverstanden, aber viele wollten es genau so. Vor allem die Politiker, abgehoben von der Bevölkerung.»

«Und wo sind unsere Krippen geblieben?» Daniela II. seufzt. «Etwas Besseres als die gab es nicht in unserem Staat.»

Jetzt erhebe ich Einspruch: «Die Kinder wurden so früh von zu Hause eingesammelt, damit man sie im Staats-Sinne erziehen konnte, das vor allem war der Grund für die Krippen, nicht weil man den Müttern helfen wollte, Beruf und Kinder zu verbinden.»

«Papperlapapp.» Daniela II. winkt ab. «Das darf man nicht glauben. Das ist eine Lüge.» Sie redet wie eine Aufziehpuppe, wie ein Brummkreisel. «Man muss von seiner Scholle leben können, die Leute wollen alle viel zu hoch hinaus. Wir waren damals Selbstversorger, und damals kostete das Brot noch 30 Pfennig. Das waren gute Zeiten. Auch diese ewige Trennerei von Paaren. Was soll das? Bei Erwin und mir ist es eine Jugendliebe, wir haben uns mit fünfzehn kennengelernt, sind gleich alt. Wir wollen auch gemeinsam sterben. Nicht wahr, Erwin?»

Erwin nickt ergeben. Eine andere Rolle hat Daniela II. wohl nicht für ihn vorgesehen.

Bloß nichts ändern, denke ich. Das ist auch ein Lebenskonzept, aber nicht meins. Selbstversorger war man, weil es kaum etwas zu kaufen gab, und die Brotpreise waren in der DDR nie realistisch gewesen. 1988 besuchte ich die Oma meiner damaligen Freundin bei Erfurt, die «Ticktack-Oma» (Uroma) unserer kleinen Tochter. Sie erklärte: «So geht es nicht mehr weiter. Bald kracht es hier bei uns. Wir haben Streichhölzer zum Abwinken, aber nichts Schönes zum Beißen. Alles wird exportiert. Lange Zeit habe ich gedacht, dass die Bilder vom Westen nicht stimmen, dabei stimmt hier in der DDR vieles nicht.»

Zumindest aber hat man in der DDR nicht überall die Landschaft ein- und umplaniert, Sümpfe trocken gelegt, aufgeforstet, Magerrasen aufgedüngt, Tümpel verfüllt, lauter Straßen gebaut. Weil oft die Maschinen fehlten. «Drum bin ich auch hier und will das morgen den Leuten zeigen», erkläre ich dem Anglerpaar.

Erwin rüstet zur Abfahrt, aber Daniela II. ist schon voll in Fahrt. «Alles war früher schöner, in Polen wird es noch viel schöner. Nur freundliche Menschen dort.» Jetzt stellt sie bestimmt Allianzen zu den Anglern auf der östlichen Stromseite her, aber es stimmt, ich selbst kenne auch fast nur nette Leute aus Polen. So hat man mir vor kurzem in Stettin den Wagen unbehelligt stehen lassen, vieles war prima restauriert, und die Sonne brannte noch dazu.

Schließlich brechen die beiden dann doch auf, wünschen mir für die Nacht alles Gute und für die morgige Exkursion ebenso. Ich sehe ihnen nach, sehe die immer kleiner werdenden Schlussleuchten ihres Autos den Hang hinaufkriechen.

Endlich wieder allein. Aha, ich bin hier also noch gar nicht am richtigen Platz. Da muss ich mich aber morgen schon gleich um sechs bewegen, um vor Ort alles genau zu inspizieren. Hoffentlich blüht jetzt noch das eine oder andere Adonisröschen, auch wenn die total giftig sind. Im Auto kreisen die Gedanken weiter um unsere heutige krude Politik. So vieles Schönes wird vernichtet und dem seit langem vorherrschenden Wirtschaftsprinzip geopfert. Diese Förderprogramme, überall wird verschlimmbessert! Wiesen werden in tote Äcker umgewandelt. Alles wird zugepflastert für Autohändler, Carports, Discounter, Glaspaläste, Mülleimerstellplätze und Retortenbunker. Egal ob Gelb, Grün, Rot oder Schwarz regiert – es ist kaum mehr zum Aushalten. Imker stellen Bienenstöcke inzwischen lieber auf städtische Dächer als auf Wiesen. So weit ist es schon gekommen. Fange ich jetzt auch an zu lamentieren wie die beiden Angler? Will ich ebenfalls, dass alles so bleibt? Gewiss nicht, ich will einfach nur mehr Schutz für Mensch und Umwelt, was auch mal ein Zurück bedeutet.

Das herrliche Wetter hält weiter an, am nächsten Morgen ist es schon früh mächtig warm. Auf meiner Erkundungstour an den Odersteilhängen bei Lebus habe ich nun folgende fünf Kräuter für Sie aufgegabelt, sozusagen für jetzige und auch für einstige Selbstversorger – gleich welcher Gesinnung. Da ist zunächst die rosa bis schmutzig rot blühende **Langzähnige Schwarznessel** (*Ballota* *nigra* ssp. *nigra*), die in Deutschland von Norden nach Süden zunimmt, aber im Westen bis Südwesten fehlt. Sie riecht eigentümlich, ich finde den Geruch aromatisch, andere sind jedoch der Ansicht, dass sie stinkt, weshalb sie auch Stink-Andorn genannt wird. Die jungen Blätter sind essbar, schmecken mir aber etwas zu bitter. In kräftigen Pasteten und deftigen Eintöpfen mit ordentlich viel Linsen und Wurst sind sie gut aufgehoben. In der Heilkunde hat die Schwarznessel einen festen Platz. Tee aus Blättern wirkt wie ein leichtes Beruhigungsmittel und hilft bei Nervosität, früher hat man die Art deshalb sogar bei Hypochondrie und Hysterie eingesetzt. Weiterhin soll die Schwarznessel Magenkrämpfe und Verdauungsbeschwerden lindern. Aus den Blättern machte man einst Umschläge gegen Gicht und Co.

Über den Zweiten im Bunde kann sich jeder Koch freuen, den **Garten-Kerbel** (*Anthriscus cerefolium*). Schon gestern sah ich ihn unerwartet viel, teils bereits verblüht, an Gebüschen, Wald- und Wegsäumen. Wenn auch keine Würstchen, so doch eine echte Frankfurter Spezialität, die Frankfurt / Oder-Gartenkerbel-Spezialität. Noch nie davon gehört? Dann wird es jetzt aber Zeit, die resolute Blondine von gestern hätte die Pflanze jetzt sicher noch besser lobgepriesen. Die fein gefiederten Blätter müssen bis zur Blüte geerntet werden, sonst verlieren sie

ihr tolles Aroma. Sie duften übrigens stärker als sie schmecken. Der Geschmack erinnert an Anis, auch etwas Dill und Estragon filtert man heraus. Die Blätter welken rasch, also nicht einfrieren, sondern zur Aufbewahrung am besten in Essig und Öl konservieren. Klein gehackt (alles an der Pflanze ist verwertbar) passt der Garten-Kerbel hervorragend zu Fisch, Kalb und Geflügel (erst kurz vor Ende der Garzeit hinzufügen), zu Eierspeisen, Karotten, Omelett und Quark.

Im antiken Griechenland war Kerbel wohl unbekannt, die Römer schätzten ihn dann. Marcus Gavius Apicius, ein römischer Prasser und Gourmet, schreckte auch vor Flamingozungen nicht zurück, in seinem Kochbuch *De re coquinaria* («Über die Kochkunst»), dem ältesten erhaltenen Kochbuch aus der Römerzeit, empfahl er als große Gaumenfreude ein Kerbelhühnchen. Ein Kerbelfan war im 8. Jahrhundert auch Karl der Große, man sollte seiner Weisung zufolge Kerbel in allen Klostergärten anbauen. Mittelalterliche Mönche und Nonnen empfahlen das Gewächs zur Blutreinigung, es galt zudem als entwässernd und verdauungsfördernd. Gepressten Kerbelsaft trank man bei Schwind- und Wassersucht. Gegen Hämorrhoiden wurden Kerbelblätter äußerlich aufgetragen. Möglich, dass die Massen von Garten-Kerbel wild um Frankfurt und am Odertal aus früheren Anpflanzungen hervorgegangen sind. Wieder was gelernt!

Noch eine im Essens- und Straßenrandtrend liegende Rauke, dieses Mal die blassgelb blühende und hoch wachsende **Ungarische Rauke** (*Sisymbrium altissimum*), sie schafft eine Höhe von bis zu 130 Zentimetern und hat bis zu zehn Zentimeter lange, sparrig abstehende Schoten. Seit 1830 gibt es sie in Brandenburg.

150

Zur Hauptblütezeit sind die Blätter oft schon gelb, später ziehen vertrocknete Individuen als Steppenroller durch die Lande. Die pfeffrig schmeckende Pflanze ist verwertbar wie Weg-Rauke (siehe S. 129) und Loesels Rauke (siehe S. 141), sowohl kulinarisch als auch was die heilkundlichen Qualitäten betrifft.

Man findet hier noch viele weitere brauchbare Kräuter, aber entweder sind die vorher schon verfrühstückt worden oder ich will sie mir noch für nachfolgende Stationen aufbewahren, sonst habe ich ja im Juni bereits mein ganzes Kräuterpulver verschossen.

Beim vorhin erwähnten Picknick der Exil-Schweden, zusammen mit einem befreundeten Ehepaar aus Bahlin, ähm Berlin, habe ich nicht schlecht gestaunt: auf zwei Campingtischen war kein Platz mehr. Diverse selbst gebackene Kuchen, Paprika-, Eier- und Kartoffelsalat, Buletten, Würstchen, kalte Koteletts, Mais und Soßen aus Gläsern. Opulent, wie die sinnbildlich gebratenen Tauben, unglaublich.

«Na, nun langen Sie mal ordentlich zu, Herr Feder, nicht dass Sie uns bei dem Programm noch vom Fleisch fallen – und bei so viel grünem Gemüse.» Mein Gastgeber reicht mir mit einem Schmunzeln sogar einen Porzellanteller – «Plastik ist bei uns verpönt» – sowie Messer und Gabel.

Das lasse ich mir nicht zweimal sagen, garniere aber vorher noch den Kartoffelsalat mit ein bisschen Kerbel – mein äußerst kleiner Beitrag zum Picknick. Der ausgewanderte Ehemann hatte klipp und klar hervorgehoben, dass er nur fürs Bier zuständig sei. Das bekomme ich dann auch von ihm in die Hand gedrückt, eine Flasche, zwei Flaschen …

Bei diesem Ehepaar ist so gar nichts von Ostalgie zu spüren. Älter als Daniela II. und Erwin sind die beiden, aber für sie ist vieles besser geworden: Sie genießen Freiheit und Leben. Nach dem Essen habe ich ihnen, sozusagen als Dank, noch drei mächtige Biber am und im seichten Oderwasser gezeigt, ganz nah! Herzlich verabschiede ich mich, als ich merke, dass ich nun doch kein viertes Bier mehr verkrafte.

Es ist noch so schön hier draußen, eine milde, leicht würzige Luft umgibt mich. Eine ganze Weile streife ich allein umher, diesmal nordöstlich von Lebus, und es gelingt mir tatsächlich, auch noch die mir bis dahin ganz unbekannte Sibirische Glockenblume aufzutun, über zehn Exemplare und alle schön in Blüte. Sie kommt in Deutschland nur im äußersten Osten vor und ist vor allem durch viele Haare vorm Auffressen geschützt. Sibirien? Ist ja gar nicht mehr so weit, und nach einem langen letzten Blick von der ehemaligen Fährstelle in Lebus über westpolnisches Land beschließe ich, schnell wieder nach Westen aufzubrechen. Steffi muss allerdings noch warten, denn spontan mache ich mal wieder einen Umweg …

Lanz

in der Westprignitz

S ehr spät in der Nacht erreiche ich dann Lanz in der Prignitz. Menno, war das ein langer Weg, nordwestlich von Berlin kam ich auch noch in prasselnden Regen, in Gewitter, in Sturm. Ich musste sogar anhalten, auf der Straße war absolut nichts mehr zu erkennen. Nach dem Gewitter fuhr ich einfach durch bis an die Mittelelbe.

Ich bin also immer noch in Brandenburg, jetzt ganz im Nordwesten. Der historische Ort Lanz liegt an der wohl am wenigsten genutzten Bundesstraße Deutschlands, der B195 zwischen Boizenburg und Wittenberge. Ich war hier schon einmal gewesen, 2013 mit Steffi, zum Störche-Gucken und Rotbauchunken-Hören im Elbtal. Der Ort hat nichts mit Markus Lanz zu tun, in dessen Fernsehsendung ich auch schon zweimal meine Pflanzenmission vor laufender Kamera betrieben habe, nein, in Lanz an der Elbe kam ein Mann zur Welt, der den Deutschen zu aufrechter Haltung verhalf: Friedrich Ludwig Jahn (1778–1852), auch «Turnvater Jahn» genannt.

Am urigen Kirchhof (fast nur Rasen, aber gleich zwei Mauerrauten-Mauern) parke und nächtige ich, in dieser Abfolge! Eigentlich müsste ich jetzt ein paar Knie- und Rumpfbeugen absolvieren, einige Drehungen nach links und ein paar nach rechts. Aber ich fühle mich auch ohne derartige Verdrehungen fit. Der Ort Lanz ist nicht sehr groß, und der Turnvater beherrscht hier alles. Es gibt eine Friedrich-Ludwig-Jahn-Gedenkstätte, das Geburtshaus von Friedrich Ludwig Jahn, ein Jahn-Denkmal, das 1865 enthüllt worden war, gestiftet von zwölf Turnvereinen der Prignitz, eine Pflastersteinstraße und eine Grundschule, die den Namen des berühmtesten Sohnes von Lanz trägt – und selbstredend auch einen Friedrich-Ludwig-Jahn-Sportplatz. So viel Aufmerksamkeit bekommt man, wenn ein Dorf kaum mehr als 745 Einwohner zählt. (Zwischendurch war ich in Quedlinburg, deutlich größer als Lanz; da machen sie es mit einem gewissen Herrn GuthsMuts ebenso, all das wurde nach ihm benannt: Straße, Platz, Denkmal, Schule. Und Sie glauben es nicht, bei dem Herrn GuthsMuts ging der Herr Jahn sogar in die Lehre!). Mir fallen aber auch Sportvereine wie Jahn Regensburg (in Bayern!), Jahn Delmenhorst oder Jahn Schneverdingen in Niedersachsen ein (ähnlich wie GuthsMuts Berlin; dieser Verein war sogar mal deutscher Frauen-Handballmeister).

Natürlich habe ich mir alles angeschaut, in der Gedenkstätte gefiel mir ein Briefentwurf Jahns an den Theologen Gustav Adolf Franz Salchow, notiert Anfang Mai 1806 in Jena. Sie verstehen gleich warum: «Kennst Du mein Geburtsdorf mit seinen näheren und weitern Umgebungen, so kennst Du meine erste Lehrerin, die dortige Natur. Was uns umgibt, hat auf die Erzeugung und Entwicklung unserer Gedanken mächtigen Einfluß. Eindrücke der Jugend herrschen bis ins Alter. Lanz liegt bei Lenzen am Fuße des Urufers der Elbe, am Anfange der Prignitzschen Marsch, hart am dortigen Geestlande. Die Dorfmark ist ungeheuer groß, und hat die Abwechslung jeder Ackerart. Den fettesten Kleiboden der Marsch enthält sie, und den ärgsten Deutschen Flugsand, wo der Wind Hügel verweht, und zusammenbläset, und tiefe Thäler aufwühlt. … Wann ich zu erst Zeitungen gelesen habe, weiß ich nicht, nur daß ich im 8ten Jahre als Friedrich II starb, schon Friedrichs Gegener niederdisputierte, wozu ich oft Gelegenheit hatt, wenn ich mit Mecklenburgern und Hannoveranern zusammentraf.» Sicher eine stilisierte Bildungsgeschichte.

Mit diesen Gedanken im Kopf suche ich in Lanz nach Kräutern, zum Glück gibt es hier noch ganz viele unbefestigte Bürgersteige. Aufrecht blühend sticht der **Weiße Gänsefuß** (*Chenopodium al-*

bum) hervor, bis 150 Zentimeter erreicht er. Bei uns als Unkraut gesehen, wird er in China oder Indien kultiviert als wertvolle Gemüsepflanze, reichlich Vitamine und Mineralstoffe weist er auf. Blätter und junge Blütensprosse schmecken mild, Salaten hinzugefügt, Suppen beigemengt, zu Käse gegessen, wie Spinat gekocht. Oder einfach aufs Brot; pasta – ähm, basta. Umschläge aus Gänsefuß lindern Hautentzündungen, Insektenstiche, Ekzeme und Sonnenbrand (kühlende Wirkung). Tee getrockneter Pflanzenteile wirkt abführend und entzündungshemmend (2 TL pro Tasse, mit kochendem Wasser übergießen, zehn Minuten ziehen lassen). Frisch gepresster Saft soll Sommersprossen zum Verblassen bringen, dabei finde ich Sommersprossen hübsch. Im Mittelalter sollte Gänsefußtee eine Empfängnis verhüten – darauf ist heute aber wohl kein Verlass mehr.

Weiterhin ist **Kanadisches Berufkraut** (*Conyza canadensis*) in Lanz im Angebot, hier so bekannt wie ein bunter Hund. Ein sehr häufiges, meist unverzweigtes Gewächs von gut einem Meter Höhe. 1655 wurde es erstmals in einem deutschen Pflanzenkatalog erwähnt, kurz nachdem man es in Frankreich gesichtet hatte, im Botanischen Garten vom Schloss Blois, einem der vielen Loire-Schlösser. 150 Jahre später hatte es sich in ganz Europa gemütlich eingerichtet. Das Kanadische Berufkraut ist eine der expansivsten Arten, eine einzige Pflanze macht gefühlt an die eine Million Samen, auf jeden Fall ist sie Samenproduktionsweltmeister. Der Name «Berufkraut» rührt aus dem Volksglauben, dass Berufkräuter Flüche (Berufungen) und böse Mächte von der Wiege fernhielten. Blätter und Sprossen schmecken scharf aromatisch, am besten

so jung wie möglich pflücken. Dazu Pflanzenteile klein hacken und als Würzpflanze zu Currygerichten, Dips und Kartoffelgerichten geben. Die Ureinwohner Nordamerikas kannten die Art viel eher, nutzten sie bei Durchfall, zudem sollte sie harntreibend und blutstillend wirken. In der Klostermedizin ein Allheilmittel bei Akne, Arthritis, Asthma, Blasenentzündung, Bluthochdruck, Cellulitis, Durchfall, Entzündungen, Gicht, Husten, Rheuma, Weißfluss und Würmern. Eine Wunderpflanze!

Jetzt mal wieder ein Strauch, der **Schwarze Holunder** (*Sambucus nigra*), lässig kann er eine Höhe von bis zu sieben Metern erreichen. Noch sind die dunklen Beeren nicht erntereif, das ist erst im August und September der Fall, dafür blüht er gerade. Die Germanen nannten den Strauch Hollerstrauch, für sie war er der Lieblingsort der Mutter- und Erdgöttin Holla, die gern zwischen den Zweigen ihre Zeit verbrachte und die Blüten schüttelte, bis diese im

Frühling wie Schnee herabfielen. Später
entwickelte sich aus der Göttin Holla
das Brüder-Grimm-Märchen «Frau
Holle». Im Mittelalter galt der Holunderstrauch als heilig, weshalb
es üblich war, so eine Bauernregel,
den Hut zu ziehen, wenn man an
einem solchen vorbeiging. Der
Holunder wurde zudem als Ab-
wehrmittel gegen schwarze Magie
und Hexen eingesetzt, er schützte
Haus und Hof vor Feuer und Blitz-
einschlag. Und keineswegs durfte man
einen Holunderstrauch fällen, wer das tat,
dem war Unglück gewiss, denn man hatte dann
die Geister, die im Geäst des Holunders gemütlich
herumsaßen, erzürnt.

Die süßlich duftenden (creme)weißen
Blüten und Beeren sind essbar, ansonsten
riecht der Baum eher unangenehm. Beeren sollte man aber nicht frisch verzehren, denn sie enthalten einen schwachen
Pflanzengiftstoff, Sambunigrin, der sich
nicht ganz so günstig auf den Verdauungs-
trakt auswirkt ... Durch Hitze verliert die
Substanz aber an Wirksamkeit. Die aromatisch
schmeckenden Holunderblüten kann man in Bierteig
backen und als leckeren Nachtisch servieren, nutzbar zu Eis, Gelee
und Sirup. Die Beeren eignen sich ebenfalls als Gelee, können sich
in Kompott und Marmeladen verwandeln, ergeben köstlichen Saft
und im Winter wärmende Fliederbeersuppe. Zudem sind Blüten
und Beeren ewig nachwachsende Apotheken. Der griechische Arzt

Hippokrates empfahl den Strauch als harntreibendes Mittel, fieber-senkende Eigenschaften fanden erst Heilkundige im 18. Jahrhun-dert heraus. Man empfahl vorwiegend bei Erkältungen einen Tee oder Aufguss aus getrockneten Beeren oder heißem Fliederbeersaft (nicht kochen, sonst wird das Vitamin C zerstört). Ja holla, was die-ser so häufige Holunder alles kann!

Schon vorher an vielen Stellen präsentiert sich hellblau blühend das **Acker-Vergissmeinnicht** (*Myosotis arvensis*), das in der Mitte einen gelblich-weißen Kreis hat. Frische kleine Blüten sind eine essbare Dekoration auf Kuchen und sonstigen Süßspeisen, schmecken aber nicht so lieblich-blumig, wie sie aussehen, sondern etwas bitter. Tee aus getrockneten Blüten und Kraut wurde früher bei Erkältungen, Nachtschweiß, Atemwegs- und Lungenproblemen verabreicht. Umschläge aus dem Tee halfen bei Beulen, Gerstenkör-nern und kleinen Schnittverletzungen. Brei aus Vergissmeinnicht-wurzeln legte man bei Augenentzündungen auf.

Nach diesem Exkurs ist es angeraten, einer anderen deutschen Realität zu gedenken, im und am nahen Ortsteil Lütkenwisch. An der Elbe, auch zur Gemeinde Lanz gehörend. 1836, nach dem Dreißigjährigen Krieg, hatte Lütkenwisch 48 Bewohner, um 1900 dann 292, zur Wende aber nur noch 16. Hier verlief die innerdeutsche Grenze, und zur Grenzsicherung des 500 Meter breiten «Schutzstreifens» wurde ein Haus nach dem anderen abgerissen, in 40 Jahren insgesamt mehr als 40 Gebäude. Dieser Elbabschnitt wurde trotzdem mehrfach benutzt, um in den Westen zu fliehen.

Ein besonders schlimmes Schicksal ereilte Hans-Georg Lemme. Er war einundzwanzig, ein Soldat bei der Volkspolizei aus Groß Breese bei Wittenberge, und wurde, da er es nicht mehr ausgehalten hatte, dass er bei Flucht auf seine Landsleute schießen musste, schließlich selbst fahnenflüchtig. Am 19. August 1974 versuchte er von Lütkenwisch aus die Elbe schwimmend zu durchqueren. Angeblich hatte ihn der Führer eines DDR-Patrouillenboots aufgefordert, an Bord zu kommen, doch Lemme ignorierte den Befehl. Danach fuhr das Boot mehrfach über ihn, schließlich wurde er von der Schiffsschraube getötet. Seine Mörder laufen noch heute straffrei herum, das Landgericht in Schwerin hatte sie 1996 tatsächlich freigesprochen. Begründung: «... man konnte doch dadurch den Grenzern ihre Beamtenpensionen nicht entziehen.» Man konnte beziehungsweise wollte keine Tötungsabsicht nachweisen, es hätte ebenso gut ein anderes Boot sein können. Lemme soll noch in seiner Not gerufen haben: «Das könnt ihr doch nicht machen, ich bin doch einer von euch!» Die Eltern bekamen erst nach vier Wochen Bescheid, sie mussten auch die Beerdigung bezahlen. Mindestens 825 Menschen starben an den innerdeutschen Grenzen, davon 370 an der ehemaligen «Zonengrenze», 250 an der Berliner Mauer, darunter 27 Volkspolizisten. 144 Menschen waren es bis zum Mauerbau am 13. August 1961 und 681 danach!

In Lütkenwisch selbst durfte zu DDR-Zeiten auch niemand

draußen herumstehen oder gar elbabwärts («feindwärts») schauen. Man hatte Angst, die verbliebenen Häuser könnten als Unterschlupf für Fluchtwillige dienen. 2014 erhielt der Platz an der Fähranlegestelle nach Schnackenburg den Namen Hans-Georg-Lemme-Platz. Aber es ist ein ganz trostloser Ort! Danach rauf auf diese stille Fähre, außer mir fährt hier niemand. Es ist ein Ort, wo sich Fuchs und Hase gute Nacht sagen. Ein letzter Blick zurück über die träge Mittelelbe, dann geht es weiter im Landkreis Lüchow-Dannenberg. Ja, genau der, wo die antiatom-streitbaren Nachfahren der Wenden wohnen.

Hitzacker

im Hannoverschen Wendland

Es geht jetzt linkselbisch in Niedersachsen weiter, einem meiner liebsten Plätze entgegen: Hitzacker an der Mündung der Jeetzel, die hier in die Elbe fließt. Ich mag an dieser kleinen Stadt das Steilufer der Elbe, die Innenstadt von Hitzacker, die auf einer Flussinsel liegt. Über dem Ort thront sogar ein Weinberg, von dem aus man einen tollen Elbweitblick hat und an dessen Hang seit Jahrhunderten Rebstöcke wachsen. Den hiesigen Wein habe ich aber noch nicht probiert. Niedersächsischer Wein? Muss sauer sein! In Hitzacker gibt es auch den in Niedersachsen am schönsten gelegenen und wohl pflanzenartenreichsten Friedhof. Auf ihm liegen neben anderen die Vorfahren von Claus von Amsberg, dem Prinzgemahl der ehemaligen niederländischen Königin Beatrix. Claus von Amsberg entstammte dem mecklenburgischen Adelsgeschlecht derer von Amsberg. Er selbst kam in Hitzacker auf einem Landgut zur Welt, das sein Vater verwaltete, nachdem er als Farmer in Afrika gescheitert war.

Ich sitze im Café auf der Alten Jeetzel, ein Schiff ganz aus Holz, *Hiddo's Arche* heißt es, Kultstätte im Hannoverschen Wendland! Nach Cola und prima Mohnkuchen mache ich mich wieder auf Kräutersuche, im Ort und an der nahen Elbe mit ihren lauschig-krautigen Buhnen. Das letzte Hochwasser 2013 erreichte hier eine Höhe von 8,10 Meter, so hoch wie nie zuvor. Die historische Altstadt blieb aber trocken dank neuer Deiche und Spundwände aus dem letzten Jahrzehnt. Von einem solchen Ereignis ist Hitzacker an diesem 23. Mai aber meilenweit entfernt, vielmehr gibt es hier schon wieder so ein Niedrigwasserjahr wie 2014 und 2015.

Passend zu Gouda – um noch einmal auf die Niederlande zurückzukommen – kann man ja **Wilde Sumpfkresse** (*Rorippa sylvestris*) verspeisen, ganz häufig in und um Hitzacker zu finden. Die gelb blühende Pflanze, ein Kreuzblütler, kann man wirklich zum Fressen gern haben, denn Blüten, Blätter, junge Sprosse und Schötchen schmecken senf- bis kresseartig. Da kommt Käse gerade recht, aber nicht nur: Ganz prima auch zu Frischkäse, Quark, Radieschen, Streichwurst, rohem oder gekochtem Schinken. Auch manche Gerichte lassen sich mit der Sumpfkresse veredeln: geräucherte Forelle, klassischer Gänsebraten, Hühnersuppe, Remoulade, hauchdünne Pfannkuchen, Roastbeef mit Bratkartoffeln und gefüllte Zucchini. Bis in den Oktober hinein mahlt man Sumpfkressesamen, zu Senf verarbeitbar – dazu etwas Essig und Salz miteinander verrühren. Wie jede andere Kresseart ist sie antibakteriell. Scharfe Senföle desinfizieren Harnwege, stärken die Blase und regen den Harndrang an. Das viele Vitamin C beugt Erkältungen vor. Die Kresse muss immer frisch sein, sobald sie von der Wurzel getrennt ist, verflüchtigen sich die wichtigen Mineralstoffe. Da mache ich es wieder richtig, abgezupft und rauf auf mein allerletztes, schon arg angetrocknetes und deshalb aufgewölbtes Wurstbrot.

Auf den Buhnen tobt jetzt im Spätfrühling das bunte Leben, bald wird vor allem der gelb blühende Wiesen-Alant mit hunderten kleiner Sonnenblumen die Szenerie bestimmen. Ihn sammle ich aber nicht, er steht seit Jahrzehnten auf der Roten Liste von Niedersachsen. Aber der **Blut-Weiderich** (*Lythrum salicaria*) nebenan ist richtig, er nimmt aktuell sogar zu und zeigt bereits erste Blüten. Eine stattliche Zierde bis 1,50 Meter Höhe! Die violett-ro-

ten Blütenköpfe hauen mich jedes Mal um. Man kann sie sogar essen, ebenso Blätter, Sprosse und Stängel. Weil diese Art so schön ist, muss man sich ja nun nicht gleich mit ihr vollstopfen. In Krankheitsfällen hat man sie bereits im Altertum abgeschnitten und getrocknet, um aus klein geschnittenen Pflanzenteilen Tee zu machen. Plinius setzte diesen gegen Ekzeme ein, Dioskurides empfahl ihn bei Ruhr. Gemäß der Signaturenlehre (die Lehre von den Zeichen in der Natur) wurde Blut-Weiderich mit den roten Blüten als blutstillendes Mittel genutzt. Ein fester Glaube gehörte bestimmt dazu, denn wissenschaftlich ist das nicht erwiesen. Der hohe Gerbstoffgehalt wirkt harntreibend, dies jetzt erwiesenermaßen!

Ein Blut-Weiderich bleibt nie allein, in unmittelbarer Nähe wächst ebenfalls im feuchten Untergrund der **Gewöhnliche Gilbweiderich** (*Lysimachia vulgaris*). Seine gelben Blüten ab Juni werden im beblätterten Blütenstand weniger wahrgenommen als die des «Blutstillers». Dieser bis ein Meter hohe «Sumpfkönig» sollte lieber den Bienen als Nahrung überlassen werden als uns Menschen. Die Blätter schmecken herb, der Mund zieht sich zusammen. In der Pharmazie hat der Gilbweiderich eine große Bedeutung, seine Inhaltsstoffe werden für viele Präparate verwendet, wirken gegen Husten, Nervosität und Schlaflosigkeit. Getrocknete Blüten und Blätter kann man äußerlich und innerlich anwenden, gegen Blutergüsse, Fieber und Quetschungen. Es ist auch eine alte Färberpflanze, mit den Blüten wurde Schafwolle gelb, mit den Wurzeln braun gefärbt.

Und jetzt gibt es wieder richtig Saures. Wenn sich der Wiesen-Sauerampfer verzieht, kommt allmählich der **Straußblütige Sauerampfer** (*Rumex thyrsiflorus*) ins Rollen, gerade im Osten Deutschlands. Er wird höher und breiter als der Große Sauerampfer (siehe S. 116), im Hochsommer – sogar bis in den Oktober hinein – leuchten fackelartige Blütenstände intensiv rot bis rostbraun. Sauerampfer hat man in den letzten Jahren wieder in der Küche etabliert, mehr und mehr ist er auf Märkten zu kaufen. Ich mag diese säuerliche Frische. Er lebt auf im Salat und als Sauerampfersuppe, bei der man die Blätter püriert und viel Petersilie hinzugibt. Wie Kresse sollte man auch Sauerampfer so frisch wie möglich verwenden, Geschmack geht verloren, wenn er austrocknet.

Unschätzbar ist sein Vitamin-C-Gehalt, mit 50 bis 100 Milligramm pro 100 Gramm Sauerampferkraut schlägt er lässig viele andere Kräuter. Zudem enthält die bis 120 Zentimeter hohe Art noch die Vitamine B1, B2, B6 und E. Damit kommt Ihr Verdauungssystem auf Trab. Daran sollten Sie immer denken, falls Sauerampfer mal zu sauer ist – er will doch nur seinem Namen alle Ehre machen. Andere Ampfer-Arten schmecken zwar ebenfalls sauer, ihnen fehlen aber Saft und vor Ort lohnende Erntemengen.

Ein robuster Strauch, ein kleiner Baum beendet diese Rundreise durch die Provinz – der bis zehn Meter hohe **Eingriffelige Weißdorn** (*Crataegus monogyna*). Die jungen Blätter und schneeweißen Blüten fügt man Salaten und Suppen bei. Die Blätter schmecken etwas herb, die Blüten aber blumig-süßlich, wobei sie etwas unangenehm riechen. Die roten Früchte werden ab August reif, man kann sie roh essen, sie tendieren aber mehr zum Säuerlichen denn zum Süßlichen, außerdem sind sie leicht mehlig. Zu Kompott, Marmeladen oder Saft eignen sie sich am ehesten. Reife Samen verwendete man früher geröstet als Kaffeersatz und geschrotet als Mehlzusatz (Streckungsmittel). Besonders wertvoll ist der Weißdorn fürs Herz, wenn man Blätter, Blüten und Früchte trocknet und aus diesen Pflanzenteilen einen Tee zubereitet. Er soll auch einen zu hohen Blutdruck senken.

Dortmund

Signal Iduna Park

J ede Wildpflanze, die hier vorgestellt wird, habe ich probiert – ich drehe Ihnen doch nichts an, was ich nicht selbst
getestet habe. Die Wirksamkeit der Kräuter kann ich allerdings nicht überprüfen. Klar, ich kann Ihnen meinen persönlichen
Geschmack unterjubeln und meine Meinung darüber äußern, ob
ich mir das ein oder andere Kraut einverleiben würde, aber das sagt
letztlich nichts über die eventuellen heilwirksamen Qualitäten aus.
Wenige dieser Eigenschaften kenne ich noch aus meiner Kindheit,
volkskundliches Wissen, wer hat das schon überprüft? Da ist auf das
zu vertrauen, was unter Laborbedingungen herausgefunden wurde.
So hat die Weltgesundheitsorganisation (WHO) nicht nur Lebensmittel unter die wissenschaftliche Lupe genommen, sondern
ebenso Kräuter und Gewürze, und auch andere Institutionen haben
sich ihrer angenommen, etwa das Bundesgesundheitsministerium
oder spezielle EU-Gremien. Von ihnen wurde und wird immer
wieder kontrolliert, ob das, was einst angenommen wurde, auch
tatsächlich stimmt. Exakte Analysen der Inhaltsstoffe von Pflanzen
lassen viele Aussagen zu, meist lagen die Heilkundler der Antike
aber gar nicht so falsch mit dem, was sie beobachteten. Nichts geht
über eine große Fähigkeit zur Diagnose.

Als herausragenden Diagnostiker würde ich mich ja nicht gerade
bezeichnen, aber doch wage ich jetzt eines zu behaupten: Frieren
Sie frisch gepflückte Wildkräuter nicht ein. Zu Beginn meiner Tour
hatte ich extra Steffis Kühlfach leergeräumt (ich selbst habe noch
nicht einmal eins): Spinatpackungen aufgetaut und verputzt, ein-
gefrorene Eintöpfe vertilgt, sogar zehn Fischstäbchen fanden ein

glückliches Ende in einer heißen Pfanne mit viel Fett – nur um Platz für gesammelte Wildkräuter zu schaffen. Gefriertüte um Gefriertüte kam hinzu, mit dem Vorhaben, im Sommer und Herbst mal was nachzukochen, wenn ich nicht mehr dauernd draußen herumtobe. Giersch hatte ich eingefroren, Knoblauchsrauke, Lauchallerlei, Vogelmiere und diverse Rauken-Arten. «Jetzt müssen die Kräuter allmählich dran glauben!», rief ich eines Tages gegenüber Steffi aus. Als ich damals mein Buletten-Experiment startete, war sie ja nicht in Bremen gewesen, sondern verreist mit einer Freundin, so hatte ich frank und frei herumhantieren können. Nun hoffte ich auf Edles, was den Gerichten den letzten Schliff geben sollte! … Aber gemach – es war enttäuschend, oft mehr Matsch als Aroma. Zwar schmeckte der Lauch nun nicht gerade nach Lakritz oder etwas anderem Abartigem, aber der Lauchgeschmack war ziemlich verblasst.

Eine schöne Geschichte dazu ist die folgende:

«Und, hast du schon eine Idee, was wir heute kochen können?», fragte ich am Tag meines Ausrufs neugierig nach.

«Wir? Aha!» Meine Freundin kannte mich einfach zu gut.

«Aber so eine klitzekleine Vorstellung könntest du vielleicht schon haben?»

«Es wird mir schon was einfallen. Lass dich überraschen. Und hast du nicht auch gesagt, dass wir etwas essen sollen, was wir nicht immer essen?»

Ich nickte. Ergeben.

Und dann hatte sich Steffi doch tatsächlich etwas ausgedacht, was nicht immer auf den Tisch kam. Eigentlich noch nie. Kürbiseintopf. Mit Speck, Kichererbsen und Kartoffeln.

«Diesen Kürbis musst du eigentlich gar nicht schälen», erklärte mir Steffi – nachdem ich schon alles fertig getrennt hatte … «Es ist Hokkaido-Kürbis, der erste, den es in Geschäften gibt, kommt nicht von hier.» Boah, was ich dann doch gleich verstanden hatte! Die

Schale ist bei Gemüse wie auch Obst oder Kartoffeln oft wichtig, und wenn man alles lang genug kocht, kann man sie auch mitessen …

Parallel zum Eintopfkochen wurden die Kräuter mit aller Fürsorge aus dem Kühlfach geholt, aufgetaut und klein geschnitten, und kurz vor dem Servieren wurde alles in den Eintopf gegeben.

Gespannt setzte ich mich an den Tisch, den Löffel schon in der Hand, als Steffi mir einen randvollen Teller vorsetzte, fast wäre einiges auf die schöne Tischdecke geschwappt. Nach einigen Wedlern mit der Hand, um den Abkühlungsprozess zu beschleunigen, löffelte ich die erste Portion in mich hinein, dann die zweite. Man kann nicht von mir behaupten, dass ich ein Suppenkasper bin, Verweigerung der Nahrungsaufnahme gehört nun wirklich nicht zu meinen Markenzeichen.

Ein Blick hinüber zu meiner Freundin. Was stellte sie fest? Schmeckte sie etwas anderes als ich? Gespannt wartete ich auf eine Reaktion von ihr. Da keine kam, musste ich nachhaken.

«Und?», fragte ich.

«Was und?», fragte Steffi zurück.

«Na, wie schmecken dir denn die Kräuter im Eintopf?»

«Das Grüne sieht ja ganz hübsch aus zu dem Orangegelb von Kürbis und den bräunlichen Kichererbsen, aber eigentlich schmecke ich nur die Petersilie heraus, und die habe ich heute mit dem Kürbis gekauft, also ganz frisch hineingetan … »

Leider musste ich ihr recht geben. Auch ich konnte nur den Geschmack von Petersilie ausmachen. Ohne sie wäre das Essen zugegebenermaßen fade gewesen. Das hieß, dass ich wieder Steffis Tiefkühlfach mit Pommes & Co. bestücken konnte. Nächstes Jahr, das nahm ich mir vor, würde ich die Kräuter nur noch frisch verwerten. Die Butterbrot-Nummer war und ist für mich immer noch die beste Variante, um mich an Kräutern und ihrem Geschmack zu laben.

Eine Bemerkung musste ich aber gegenüber Steffi noch machen, mein fehlgeschlagenes Kräuter-Auftau-Experiment wollte ich irgendwie kompensieren.

«Wo liegt denn nun eigentlich Hokkaido?», fragte ich.

Sie ruderte rum: «Ist das ein Berg? Was aus'm Mittelmeer? Ach, das ist Indonesien!»

Da hatte ich sie – bergig stimmte zwar schon ganz gut, aber dass es die nördlichste der großen japanischen Inseln ist, erstaunte sie dann doch. Ich wusste das schon mit zwölf, denn in Sapporo, der größten Stadt auf Hokkaido, fanden 1972 meine ersten bewusst erlebten Olympischen Winterspiele statt, Erhard Keller und Monika Pflug gewannen damals im Eisschnelllauf Gold. Dass Kürbis übrigens die größte bekannte Beerenfrucht ist, hätte Steffi vermutlich auch nicht gewusst.

Anfang Juni setze ich meine Road-Tour fort. Ziel ist ein weiteres Mal Dortmund, die Bier- und Sportstadt. Das dort beheimatete WDR-Studio hat gerufen, ich soll bei der Sendung *Planet Wissen* mitwirken. Ich habe zugesagt, parke mein Auto und habe noch jede Menge Zeit. Auf der anderen, der nördlichen Seite der nahe gelegenen Emscher (von der ich schon viel gehört, aber noch nie was gesehen habe) ist es nicht weit bis zu Deutschlands größtem Fußballstadion, dem Signal Iduna Park, einem Fußballtempel, der 81 359 Zuschauern Platz bietet. Die Südtribüne ist eine reine Stehplatztribüne und mit 24 454 möglichen Zuschauern sogar die größte Stehplatztribüne Europas. Markant sind die quittegelben Stahlträger des Stadions, vornehm nennen sie sich Pylonen.

Ich will aber nicht in den Signal Iduna Park, der Borussia-Dortmund-Tempel ist sowieso streng verriegelt, ich will nur nach nebenan. An das neue Stadion grenzt nämlich ein altes, das Stadion «Rote Erde», einst auch als «Kampfbahn Rote Erde» bezeichnet, hier spielte Borussia Dortmund Fußball bis 1974. Arbeitslose hatten es zwischen 1924 und 1926 gebaut, die heute uralten Sandsteinmauern kamen aus dem ganz nahen Sauerland. Arbeiter-Turner trugen hier einst Leichtathletik-Wettkämpfe aus. Über die Namensnennung «Rote Erde» kursieren verschiedene Theorien. Mal meinte man, dass dies mit der roten, eisenhaltigen Erde in und um Dortmund zu tun hat, mit der Erde, die für den Bergbau aus dem Untergrund geschafft wurde. Es kann aber auch mit etwas ganz anderem zusammenhängen. Erstmals tauchte der Begriff nämlich in Verbindung mit einem mittelalterlichen Femegericht auf, das in der Region Dortmund seinen Hauptsitz hatte und im Namen des Kaisers schlimme Verbrechen bestrafte. Doch als man das Stadion 1926 einweihte, wird man von diesem historischen Hintergrund kaum gewusst haben. Es wurde «Westfalens roter Erde» gewidmet.

Heute wird es noch immer als Leichtathletikstadion genutzt, durch ein offenes Tor, ganz unerwartet, schleiche ich hinein. Aber leider doch nicht unbemerkt, das war ja zu erwarten.

«Hallo, was machen Sie denn hier?», fragt ein Rasenmäherfahrer in Tornähe. Das fällige Rasenmähen war auch der Grund, warum dieses Tor nicht abgesperrt war wie sonst alle anderen Eingänge – was ich schon überprüft hatte …

«Ich suche hier nur nach Wildkräutern», erkläre ich.

«Wie bitte? Wildkräuter? Die suchen Sie auf unserem schönen Naturrasen vergeblich! Da wächst kein einziges Unkraut drin.» Dem Arbeiter ist anzumerken, dass er mächtig stolz auf den Rasen ist, aber auch stolz auf das Stadion, Borussenstolz eben, alter Preußenstolz vielleicht sogar. Am wenigsten aber will ich seinen Rasenstolz verletzen.

«Nein, auf dem Rasen nicht, das sehe ich sofort!», winke ich ab. «Aber dort oben auf den Tribünen und auf den oberen Traversen, da bei den Bäumen und Mauern, da ist eine Menge verkrautet. Das alles würde ich mir gern anschauen, wenn Sie nichts dagegen haben, als Gärtner interessiert mich das immer.» Mit einem Seitenblick habe ich diese Verkrautung sofort festgestellt, ich vergesse auch nicht zu schmeicheln. «Tolles Stadion, ein echtes Aushänge-schild von Dortmund. Ich war schon viermal hier bei einem Spiel gewesen, immer wenn «mein Verein» Arminia Bielefeld an diesem Ort aufgekreuzt ist.»

«Das muss aber schon sehr lange her sein, denn eigentlich soll es Bielefeld ja gar nicht geben …», erwidert der Rasenmähermann nachdenklich.

«Na, hören Sie mal, wir greifen wieder an, vielleicht geht es mit Bielefeld sogar auch mal wieder raus aus der Zweiten in die Erste Bundesliga», frohlocke ich.

«Das wird bestimmt noch lange dauern, wenn überhaupt. Also, okay. Ostwestfalen ist ja auch Westfalen. Schauen Sie sich ruhig hier um, aber machen Sie flott hin!»

Der Mann mit seiner Baseballmütze lässt sich erweichen, vielleicht nur aus Mitleid mit meinen Fußballfantasien. Er wirft seine Maschine wieder an, ich beginne meine Inspektionen. Hier ist tatsächlich alles verkrautet, zahlreiche Ersatztore aus Metall liegen zudem herum, da scheint nichts mehr gepflegt zu werden. Der Naturrasen erhält hier die meiste Aufmerksamkeit, ein Segen. Hauptpflanze an den Tribünen ist das Acker-Vergissmeinnicht, das wurde schon beim Turnvater Jahn aus Lanz erwähnt (siehe S. 158). Der Gehörnte Sauerklee (*Oxalis corniculata*) ist aber ebenfalls nicht zu verachten. Er ist sehr ausdauernd, wird in Beeten, Pflaster- und Plattenritzen zunehmend ein Problem mit seinen starken Ausläufern, aus denen sich von Mai bis Oktober neben meist dunkelroten Blättern viele leuchtend gelbe Blüten entwickeln. Aber nichtsdestotrotz ist er unterwegs ein Erfrischungs-, Säure- und Vitaminspender, den man einfach so aufs Butterbrot legt. Ebenso frischt er alle möglichen Salate auf. Wegen vieler Salze, sogenannter Oxalsäuren (Kleesäure), sollte man ihn nicht ständig einwerfen, denn eine oxalsäurereiche Ernährung kann die Entstehung von Nierensteinen begünstigen. Viel Oxalsäure enthalten beispielsweise auch Mangold,

Rhabarber, Sauerampfer und Spinat. Tee aus frischen Blättern und Blüten (nie im getrockneten Zustand verwenden) soll harntreibend wirken und Sodbrennen lindern. Bei Hautproblemen helfen äußerlich aufgetragene Kompressen.

Wie erwartet schlägt auch die aus dem Kaukasus stammende **Armenische Brombeere** (*Rubus armeniacus*) in Dortmund erbarmungslos zu – und nicht nur hier, sondern im gesamten Ruhrgebiet mit seinen vielen Bahnflächen, Böschungen, Gärten, Kleingärten, Industriebrachen, Parzellen, Säumen an Straßen, Wegen sowie längs der Emscher. Sie hat ganz kräftige Triebe, Schösslinge genannt, über zehn Meter lang können die werden. Wahrscheinlich hat sie sich vorgenommen, das nächste BVB-Training, dazu die Wettkämpfe im Kugelstoßen und Weitspringen keineswegs zu verpassen. In fast allen Großstädten ist die Armenische Brombeere inzwischen die häufigste Brombeere. In kaum zehn Jahren schafft sie es, fast hektargroße Dickichte aufzubauen, und zeigt uns Menschen

so die Grenzen auf. Sie ist kaum zu bekämpfen, man muss schon ihre Wurzeln ausgraben, um ihrer Herr zu werden.

Junge, weiche Blätter im Mai schmecken leicht nach Äpfeln und können dadurch jedes würzige Dressing oder eine Gemüsetorte aufwerten. Die dicken, dunklen Früchte liebe ich abgöttisch: einfach abpflücken, rein in den Mund und die Süße genießen. Oder sammeln und damit dies und das machen: Marmelade, Sirup, Pudding mit Brombeeren, Kuchen mit Brombeeren oder Brombeerschnaps. Tee aus getrockneten Blättern, Blüten (rosafarben und sehr groß) und Früchten (diese von August bis September) wird volksheilkundlich verabreicht, wenn man unter Durchfall leidet. Man gurgelt mit ihm aber auch bei Entzündungen im Mund- und Rachenraum. Die schwarzen Früchte enthalten viele Antioxidantien, wer dem Alterungsprozess entgegenwirken möchte, sollte es unbedingt mal mit ihnen versuchen. Da bin ich ja auf dem richtigen Weg!

Weiter floriert hier der bis 1,40 Meter hohe **Rainfarn** (*Tanacetum vulgare*). Mit ihm kann man nicht nur das Älterwerden abmildern, er soll einem sogar Unsterblichkeit verleihen. Wenn das mal stimmt. Aber laut griechischer Mythologie soll genau das passiert sein. Der göttliche Zeus hatte einen Liebling, er hieß Ganymed, und für den obersten Gott war der Jüngling «der Schönste aller Sterblichen», weshalb er ihn in den Götterhimmel entführte und ihm dort einen Job als Mundschenk überantwortete. Um unsterblich zu werden wie alle um ihn herum, soll Ganymed sich einen Trank aus Rainfarn zusammengemixt haben – mit Erfolg. Als Mundschenk musste er es ja wissen. Und nicht umsonst haben sich einige Apotheken den Namen «Rainfarn-Apotheke» gegeben.

Hildegard von Bingen war weit davon entfernt, an das Göttlichwerden des Menschen zu glauben, weshalb sie einzig und allein bei profanem «Harnverhalt» (Prostatabeschwerden könnte man auch sagen) eine Mischung aus Wein (die Äbtissin süffelte anscheinend gern, in ihren Rezepturen ist Wein eine nicht wegzudenkende Konstante) und Rainfarn empfahl. Bis in die frühe Neuzeit hinein pflückte man die Pflanze mit den von Juni bis November gelben, knopfartigen Blüten, um sie unter Matratzen und Kissen zu legen. Ihr scharfer, lang anhaftender Geruch vertrieb Kopfläuse und Bettwanzen. Fleisch wurde damit gegen Fliegenmaden eingerieben. Heute ist ein Gemisch aus Blüten und klein gehackten Blättern ein Würz- und Duftmittel, das wohldosiert bei Gänse- oder Sauerbraten anzuwenden

ist. Auch ist es eine Bier- und Backwürze, und, darüber hätte sich Hildegard bestimmt gefreut, wird gern in Kräuterliköre gegeben.

Noch viele weitere Wildpflanzen kann man hier vorfinden, die Sie auch alle schon kennen: neben dem Acker-Vergissmeinnicht noch Echte Nelkenwurz, Giersch, Große Brennnessel, Kletten-Labkraut und Rainkohl. Wer also beim nächsten Wettkampf seine Butterbrote mitbringt, seine Bratwürste isst, der findet hier eine Menge zum Drauflegen – wenn man denn im Sommer einen dieser «gar nicht billigen» Stehplätze erwischt hat.

München

die Theresienwiese im Juni

Am 7. Juni bin ich in München. Dieses Mal bin ich sogar Bahn gefahren, was selten genug vorkommt. Ich mag Bahnfahren gar nicht. Erstens: Ich kann unterwegs nicht einfach anhalten und aussteigen, wenn ich etwas Interessantes an Flora und Fauna entdecke. Zweitens: Ich möchte gerne nach draußen gucken, werde aber immer schnell müde (dabei habe ich gar nichts zu tun). Doch kann ich im Zug nie einschlafen, darum beneide ich manchmal alle «umschlafenden» Mitfahrer. Drittens zieht es auch an heißen Tagen oft wie Hechtsuppe an meinen kurzen Beinkleidern, wir waren schon 1969 aufm Mond, aber eine passende Ventilation gibt es noch immer nicht. Und viertens kriege ich jedes Mal fast einen Herzinfarkt, wenn die Züge mit der Zeit immer mehr Verspätung anhäufen (statt abzubauen, wie ich es immer erhoffe!), die Fahrgäste nur spärlich mit Informationen dazu versorgt werden und ich am Ende den Anschlusszug verpasse. Aber nun hatte ich dieses Abenteuer mal wieder gewagt. In Schwaben musste es kurz zuvor ganz mächtig vom Himmel gerauscht sein, viel Ackerboden war da wegerodiert. Tja, die reinste Bauernschuld!

Ich bin auf Einladung einer Frau, die für den Allianz-Konzern arbeitet, in der bayerischen Landeshauptstadt. Sie bereitet eine bunte Quartalsschrift mit dem Thema «Wiesen» vor, da soll natürlich auch *die* Wies'n rein. Davon habe ich schon viel gehört (und auch mal etwas darüber in der *Tagesschau* gesehen), aber gewesen bin ich da noch nie. Über alle möglichen Wiesen hatte ich schon referiert, aber noch nie über die Wies'n, wo das weltbekannte Oktoberfest stattfindet. Jetzt befinde ich mich also auf der Münchner

Theresienwiese, gefunden zu Fuß nach einigem Gewimmel ab dem Hauptbahnhof.

Noch steht auf dem Areal nicht ein einziges Karussell, doch bereits ab Juli / August werden erste feste Zelte aufgebaut, wie ich mir habe sagen lassen. Wochen dauert es, bis alles errichtet ist. Und auch wenn es Oktoberfest heißt, Beginn ist Mitte September. Namenspatronin ist Therese von Sachsen-Hildburghausen, die der bayerische Kronprinz Ludwig 1810 ehelichte. Dazu fand ein Pferderennen auf der Wies'n statt, und weil das frisch getraute Paar es so schön fand, wurde es alljährlich wiederholt. Nach und nach kamen Bierzelte und Schaugeschäfte hinzu. Sogar Buffalo Bill, der alte Bisonjäger, kam 1890 auf die Wies'n, mit Hunderten von Büffeln, Cowboys, Indianern und Pferden, zuvor trat er mit seiner großen Truppe in Braunschweig und Bremen auf. Heute gäb's für ihn kein Durchkommen, Schüsse sind inzwischen auch völlig verpönt!

Ich schaue mich auf der 43 Hektar großen Fläche um, rund 60 000 Menschen hatten hier am 7. November 1918 gegen den Ersten Weltkrieg demonstriert, und Hitler feierte auf ihr seinen «Anschluss» Österreichs im März 1938. Noch immer unklar ist der Hergang des Attentats vom 26. September 1980, bei dem 13 Menschen starben und 211 verletzt wurden. Jetzt hat man wieder Angst vor Terroranschlägen, weshalb man das ganze Gelände zur Festzeit umzäunt. Was aber, wenn eine Massenpanik ausbricht?

Von dieser wechselvollen Festwiesen-Geschichte ist an diesem Tag mit bayerisch blauem Himmel nichts zu merken. Fußgänger und Radfahrer genießen die Sonne und queren gemächlich die Wiese. «Wiese» finde ich eine etwas übertriebene Bezeichnung, es ist zu großen Teilen mehr eine Schotterfläche. Eher ein schlecht bestellter Acker, na ja – wenn man sich auf den Bauch legt …

Die Wies'n ist im Frühsommer voll im Griff der allgemein häufigen **Echten Kamille** (*Matricaria recutita*). Satt kann man von den essbaren Blüten und Blättern nicht werden, aber sie werten jeden

Salat auf, schon der Optik wegen. Die kleinen weißen Blüten mit dem prallen gelbgrünen Dotter sind allerliebst. Beides, also Blüten und Blätter, passen zudem perfekt zu Eierspeisen, Kapern, Nudeln mit Tomaten und einem gut gebratenen Kotelett. Getrocknete Blüten sind ein toller Aromageber für Kräuterbowlen und -limonaden. Die Blüten schmecken so, wie Sie es von einem Kamillenblütentee kennen. Einen solchen kann man aus den Blütenkörbchen im Do-it-Yourself-Verfahren herstellen, er wirkt gegen Atemwegsleiden, Menstruationsbeschwerden, Darm- und Magenverstimmungen, als Schlummertrunk, ist entzündungshemmend und krampflösend. Äußerlich aufgetragen bewährt er sich zur Wundheilung. Ansonsten kann man mit der Echten Kamille ein Bad nehmen oder Spülungen machen. Sie hat in ihrer Geschichte ebenfalls schon eine Menge mitgemacht, immer wieder wurde und wird sie verwechselt mit Arten der Gattung Hundskamille und der Geruchlosen Kamille. Aber ein Geruchstest hilft bei der richtigen Bestimmung. Keine Kamille riecht so intensiv wie die Echte Kamille.

Vereint wächst die Echte Kamille mit der **Strahlenlosen Kamille** (*Matricaria discoidea*), ihrer unscheinbaren Schwester. Leider aber ohne Haare, ähm, ohne Blütenblätter! «Glatzenkamille» würde ich sagen. Trotzdem ist sie niedlich, auffallend sind die gelblich grünen Köpfchen.

Manch einer hält die Strahlenlose Kamille für eine kränkelnde Echte Kamille. Das ist ein Irrtum, diese Art ist ebenfalls echt, eingewandert mit der Eisenbahn aus Osteuropa. Sie riecht auch nach Kamillentee, ist aber nicht so wirkungsvoll wie die Echte Kamille, denn ihr fehlt ein Inhaltsstoff, das Azulen, ein blauer aromatischer Kohlenwasserstoff. Ihn entdeckte man durch Wasserdampfdestillation bei der Echten Kamille schon im 15. Jahrhundert, in Form eines tiefblauen Öls. Der farbgebende Anteil dieses Öls war das entzündungshemmende Azulen. Auch wenn es bei der Strahlenlosen Kamille mit der Wundheilung nicht so klappt, so kann man den Tee getrockneter oder frischer Blüten und Blätter zu sich nehmen, um Blähungen, Durchfälle und Krämpfe zu lindern sowie in der Stillzeit die Milchbildung zu fördern.

Bis zum Oktoberfest wird am Westrand der Wies'n vermutlich noch die **Acker-Winde** (*Convolvulus arvensis*) hübsch mit ihren zarten Trichterblüten angeben. Wenn nicht zu viele Festbesucher auf ihr herumtrampeln oder noch schrecklichere Dinge dort verrichten … Die Blüten duften wunderbar süßlich, sie sind weiß, oft auch rosafarben mit weißen Streifen. Essen kann man sie nicht, aber die Acker-Winde hat eine Fähigkeit, die ihr nicht unbedingt anzusehen ist: Sie ist eine Heilpflanze, die bei Verstopfung hilft. Noch heute sind in vielen Abführtees getrocknete Blätter und Blüten beigemischt.

Im Mittelalter sollen heilkundige Frauen, also nach damaliger Vorstellung Hexen, bewusstseinserweiternde Mixturen aus dieser Art hergestellt haben – was gut denkbar ist, denn sie enthält wie Stechapfel und Tollkirsche Halluzinogene. So einen Trank braucht man doch, um das Oktoberfest heil zu überstehen. Ich war da, wie gesagt, noch nie, und mit Sicherheit werde ich auch nie dort aufkreuzen. Was mich noch gefreut hat an diesem Tag, neben dem tollen Wetter: Es gab im Süden an den Böschungen massenhaft vom Zottigen Klappertopf zu sehen – zum Glück nicht essbar und zu noch größerem Glück im September schon mausetot. Und am Ende wurde ich noch zu einer zünftigen Maß im Biergarten an der Bavariahöhe eingeladen. So kann es einem auch ergehen …

Hamburg

die Außenalster beim Hotel Atlantic

Hamburg ist eine tolle Stadt, immer wieder zieht es mich dort hin, dieses Mal zehn Tage nach meinem München-Trip, und ich bleibe sogar über Nacht. Heute, am 17. Juni, nehme ich mir die Alster vor, Hamburgs großen Binnensee und Fluss, die besten und interessantesten Wohnviertel der Hansestadt liegen um das Gewässer, darunter St. Georg mit dem Fünf-Sterne-Hotel Atlantic. Auf der Höhe des Nobelhotels wandere ich nun am Ufer der Außenalster entlang.

Ich schnuppere an bereits fast verblühten Dolden der bis zwei Meter hoch wachsenden **Arznei-Engelwurz** (*Angelica archangelica*), ganz kugelrund und einfach entzückend. Gerade will ich mich an den Blättern und den ebenfalls runden, kahlen, dunkelvioletten und oft dünn bereiften Stängeln versuchen, als …

«So eine schmackhafte Gemüsepflanze, und keiner weiß es!»

Ich blicke auf, will sehen, wer mich da angesprochen hat. Ein kräftiger Zweimetermann, wohl Ende dreißig, hellblonde Haare, mit einem Akzent, der für mich nach Skandinavien klingt.

«Und woher wissen Sie das?», frage ich.

«Bin Koch, drüben im Atlantic.» Er weist mit der Hand auf die andere Straßenseite.

«Aber auch jeder Koch weiß nicht unbedingt, was da so an der Straße wächst», entgegne ich.

«Komme aus Island», erklärt der Koch. «Da gab es in Frühzeiten sogar mal ein Gesetz, dass man die Angelika nicht fremden Ortes ausgraben durfte, man wollte sie so schützen, so kostbar war die Pflanze den Isländern. Nur wer sie selbst im Garten angebaut hatte, der durfte sie beim Umzug mitnehmen.»

Er nennt die Pflanze Angelika, der Street-Gourmet erstaunt mich.

«Und man hat die Pflanze wie Mangold oder Spinat gegessen?»

«So in etwa. Die Wikinger brachten sie vom Norden nach Mitteleuropa mit, als Handelsware. So kam sie in die Klostergärten, und Paracelsus hat sie als Allheilmittel gepriesen.»

«Sozusagen ein Breitbandantibiotikum», murmele ich und fahre mit meinem Wissen fort: «Irgendjemandem, ich glaube, es war ein Mönch, erschien ein Engel im Traum und verkündete, er könne mit dieser Wurz die Pest bekämpfen. Deshalb auch der Name.»

«Ich liebe solche Geschichten», sagt der Koch.

Bevor wir weiter über unsere Angelika ins Schwärmen geraten, will ich wissen, ob er sie auch zum Kochen verwendet.

«Nicht im Hotel, aber privat mache ich das schon, dann habe ich nicht mehr so großes Heimweh.»

Ich nicke, das kann ich gut nachvollziehen. «Aber sie schmeckt schon ein bisschen bitter», werfe ich dann ein.

«Da muss man ein wenig Essig und Zucker hinzugeben, ich mag es auch, wenn man noch kurz ein trockenes Lorbeerblatt durchzieht, und dazu Lammkoteletts. Kann ich nur empfehlen. Aber jetzt muss ich weiter, sonst verhungern noch die Hotelgäste.»

«Was gibt es denn heute?»

«Seezunge Müllerin Art, sicher, eine Spezialität des Hauses.»

Schon überquert er die Straße. Sollte er mal unter Appetitlosigkeit leiden, was auch bei Köchen vorkommen kann, oder einem Völlegefühl, dann könnte er sich einen Tee aus frischen oder getrockneten Blättern und Blüten brühen. Aber wahrscheinlich weiß er das längst, dieser Wikinger.

Im Tagesangebot ist heute auch noch **Kalmus** (*Acorus calamus*), eine Art, die bei uns sehr selten blüht (vermehrt sich nur über Wurzelstöcke), und wenn es doch mal passiert, dann kann man sie an Ufern an phallusartig steifen, grün-braunen Blütenständen erkennen. Und an den schwertartig schlanken, immer aufrechten, oft quer gewellten Blättern sowieso. Wegen dieser Gestalt wird die aromatisch riechende Pflanze in Indien als Aphrodisiakum geschätzt, im Alten Ägypten wurde sie als «heiliges Rohr» bezeichnet. Essen kann man die jungen Sprossenteile, sie sind eine Abwechslung im grünen Salat, die Wurzeln sind wie Ingwer zu nutzen (schmecken auch ein wenig danach). Man kann sie hacken, klein schneiden oder reiben und in Currygerichte hineintun. In asiatische Suppen, letztlich in alles, wozu man auch andere orientalische Gewürze hinzugibt.

Tee aus getrockneten Wurzeln (getrocknet sind sie milder als frisch) wirkt ähnlich wie «Angelika», nämlich appetitanregend und verdauungsfördernd. Man kann auch Kalmuswein herstellen, dazu 50 bis 100 Gramm Kalmuswurzel in einem Mörser zerstoßen und eine Partnerschaft mit einem Liter Weißwein herstellen. Zehn Tage im Dunkeln stehen lassen, dann ein Weinglas nehmen und über ein Sieb die Mixtur ins Glas einschenken. Ich mag den Kalmus sehr, er duftet so fruchtig, wenn man ihn zwischen den Fingern zerreibt. Und auf feuchten Weiden, vor allem in Niederungen, findet man ihn immer mal wieder zuhauf, denn Rinder und Pferde mögen den Kalmus überhaupt nicht. Und das freut dann wiederum den wärmeliebenden Kalmus, der sich daraufhin prächtig vermehren kann.

Am von Nährstoffen gespickten Uferweg (wieder mal die Hunde …) fällt auch eine weitere Klette auf, am Hengsteysee bei Dortmund hatten wir schon eine. Diesmal ist es die **Kleine Klette** (*Arctium minus*), die 50 bis 120 Zentimeter hoch wird und von Juli bis September blüht. Viel kleiner als die anderen Kletten-Arten (vier gibt es davon in Deutschland) ist sie nicht einmal, da täuscht der Name, einzig ihre Blütenköpfchen und später die Fruchtkörbchen sind am kleinsten von allen anderen Kletten. Insgesamt ist die Kleine Klette bundesweit jedoch die häufigste, doch auch sie geht in Dörfern und in Städten immer mehr verloren, vor allem durch Bautätigkeit, Ordnungswahn und den Verlust von Gehölzsäumen. Ich kann mich hier mal kurz fassen, den Nutzen dieser zweijährigen Pflanze finden sie schon bei der Großen Klette auf Seite 52.

Ich setze mich zwischen Kraut und Rüben ans Alsterufer, Sie können hier auch der Armenischen Brombeere habhaft werden, diverser Baldrian-Arten, des Drüsigen Springkrauts, des Gierschs und des Kompass-Lattichs. Ich beobachte die Segler auf dem blau-silbrigen Wasser. Da ich ja kein Freund von Fisch auf dem Teller bin, ist mir mein einfaches Picknick lieber als die Seezunge in überkandidelter Umgebung. Heute gibt es Rum-Trauben-Nuss-Schokolade und Apfelsaft, gleich werde ich noch in der nahen Boberger Niederung im Osten von Hamburg die Nelken-, Orchideen-, Seggen- und Wintergrün-Arten kontrollieren – gottlob alle ungenießbar und auch teilweise vollkommen geschützt.

Und schon wieder Hamburg

diesmal in der Speicherstadt

Seit Juli 2015 hat Hamburg ein Welterbe, es ist die Speicherstadt, die auch erst seit 1991 unter Denkmalschutz steht. Sie liegt im nordöstlichen Teil des Hafens, entstanden als Lagerhauskomplex in Wilhelminischer Backsteingotik der Gründerzeit, mit vielen kleinen Giebeln und Türmchen, die Hauben aus Kupferdächern haben, alles gebaut auf Eichenpfählen. 1888 wurde dieses imposante Gelände eingeweiht, natürlich von Wilhelm II., unzählige alte Wohnhäuser am Wasser wurden dafür abgerissen und viele Hafenarbeiter, die dort lebten, mussten sich eine neue Bleibe suchen. Die Speicherstadt wurde dann während des Zweiten Weltkriegs, im Rahmen der «Operation Gomorrha», etwa zur Hälfte zerstört, als im Juli und August 1943 die RAF, die Royal Air Force, gezielt Hamburg bombardierte.

Die Gewürze dieser Welt wurden damals von Ozeanriesen in die Elbstadt gebracht und in den Lagerhäusern aufbewahrt, vom Curry bis zum Pfeffer, noch heute ist der Hamburger Hafen ein wichtiger Gewürzhandelsplatz, jährlich werden hier immer noch rund 80 000 Tonnen umgeschlagen. Über Seilwinden geht es bis zu fünf Lagerböden hoch, alles am offenen Abgrund. Doch die kostbare Fracht ist bestens festgezurrt und streng kontrolliert. Dass die Hansestadt Gewürzhochburg war und ist, kann man daran erkennen, dass nicht von ungefähr die reichen Hamburger Kaufleute einst als «Pfeffersäcke» bezeichnet wurden.

Da Gewürze empfindliche Güter sind, sind in den einzelnen Lagerhäusern Siebanlagen und Staubabscheider installiert, die sie mittels eines Gebläses von möglichem Staub befreien. Es gibt in der

Speicherstadt auch ein Gewürzmuseum, in dem sich zum Beispiel Hobbyköche weitere Anregungen holen können. Weil der Handel mit Gewürzen, Kakao, Kaffee, Tabak und Tee mehr und mehr abnahm, eroberten in den letzten Jahrzehnten Teppichhändler die Lagerhäuser – sie benutzen rund 20 Prozent der gesamten Lagerfläche, um dort ihre Orientteppiche feilzubieten. Der An- und Abtransport der Teppiche erfolgt in ebenso schwindelerregenden Höhen, was ich 2016 selbst mehrfach beobachten konnte, sogar samstags wird hier noch malocht.

Was zu Zeiten der «Pfeffersäcke» ganz sicher noch nicht in der Speicherstadt wuchs, ist das Pfefferkraut, eher bekannt als **Breitblättrige Kresse** (*Lepidium latifolium*). Scharf und tatsächlich pfeffrig schmeckt die bis zu 150 Zentimeter hoch werdende Pflanze mit großen Blättern und schneeweißen, schön honigsüß duftenden Blütenknäueln. Alle Teile kann man in einen Salat hineintun, doch wegen seiner Schärfe ist auch diese Kresse eine wunderbare Würzpflanze. Und weil man Pfeffer im Grunde zu jedem Gericht verwenden kann, können Sie ausprobieren, wozu diese Kresse am besten schmeckt. Etwa klein geschnitten auf Mozzarella-Tomaten-Salat oder Rindercarpaccio.

Über die Heilwirkung der Breitblättrigen Kresse wusste die kundige Hildegard von Bingen mal wieder bestens Bescheid: «Das Pfefferkraut ist warm und feucht, und diese Feuchtigkeit hat eine richtige Mischung in sich, und das Pfefferkraut ist für

Gesunde und Kranke gut und nützlich zu essen. Und das, was sauer, das heißt bitter in ihm ist, greift den Menschen innerlich nicht an, sondern heilt ihn. Und ein Mensch, der ein schwaches Herz und einen kranken Magen hat, esse es roh, und es stärkt ihn. Aber auch wer einen traurigen Sinn hat, den macht es froh, wenn er es isst. Und auch gegessen heilt es die Augen des Menschen und macht sie klar.» In Hamburg wächst die Art sogar an Autobahnen und Bundesstraßen (so an der B5 bei Billstedt). Ein großer Bestand befindet sich auch am Fuß einer neueren Ziegelmauer am Fischmarkt (ja passend zu Fischbrötchen und Seelachs) und eben hier in großen Mengen an der nördlichen Promenade am Zollkanal.

Auch wenn sie längst nicht so pfeffrig ist wie die Breitblättrige Kresse, hat sich die vielgestaltige **Gewöhnliche Sumpfkresse** (*Rorippa palustris*) im Welterbe inselartig breitgemacht. Herb, sogar etwas senfig ist sie im Geschmack. Die krautige Pflanze erreicht eine Höhe bis zu 80 Zentimeter (meist bleibt sie deutlich kleiner) und hat gelbe Blüten. Blätter und junge Triebe schmecken gekocht

oder roh von April bis Juli in Gemüsefüllungen, Salaten, Quark- und Spargelgerichten. Eintopf mit Spitzkohl ist ebenso sumpfkresseverträglich. Die Sumpfkresse heißt Sumpfkresse, weil sie wie Kresse aussieht, am liebsten im Sumpf vegetiert, aber nicht wie Kresse schmeckt. Also bitte nicht verwechseln! Sie besitzt walzenförmige, nur ziemlich kurze Schötchen.

In einer solch bedeutsamen Umgebung für Genießer fehlt auch nicht eine der häufigsten und daher fast bekanntesten Wildpflanzen in Deutschland: Gemeint ist der **Große Wegerich** (*Plantago major*), auch Breit-Wegerich oder von den Indianern Nordamerikas «Fußabdruck des Weißen Mannes» genannt. Denn in ihren Stammesgebieten wurde die Art von den Pionieren eingeschleppt und ist auch heute noch in diesen Gebieten weit verbreitet. Von mickrigsten Exemplaren bis hin zu Riesenpflanzen ist alles in der Speicherstadt zu finden. Wer hier arbeitet, und das tun viele, besorgt sich in der Mittagspause ein Käse- oder Wurstsandwich, pflückt sich ein paar schöne Wegerichblätter und legt sie zwischen den Aufschnitt. Der Große Wegerich ist leicht salzig, bei einem faden Käse haben Sie dann das fehlende Salz gleich gratis mitgeliefert bekommen. Neben dem Salzigen gibt es aber noch ein paar andere Geschmacksnoten, die übrigens sehr ungewöhnlich sind, da können Sie nämlich eine interessante Kombination von Champignons und medizinischer Tinktur (Hustensaft) herausschmecken. Man nimmt diesen Wegerich auch als würzige Gemüse- und Salatzugabe (Blätter und Stängel), die gelb-grünlichen Blütenstände (als Windblütler nur Staubgefäße) kann man in Essig einlegen. Die Blätter lassen sich weiterhin zu einer Art Sauerkraut verarbeiten, dazu die Blätter quer zu den Fasern in Streifen schneiden und anschließend im Steintopf abwechselnd mit Salz schichten.

Heilkraft hat der Große Wegerich auch, jedoch weniger als der Spitz-Wegerich (siehe S. 58). Ein Tee aus frischen oder getrockneten Blüten und Blättern wirkt gegen Halsschmerzen, Husten und Verdauungsprobleme. Kompressen dienen insbesondere der Wundheilung. Und dafür bürgt eine wahre Größe. Glauben Sie hier keinem Geringeren als William Shakespeare, in der Tragödie *Romeo und Julia* lässt der englische Dramatiker im ersten Akt den jugendlichen Liebhaber Romeo im Gespräch mit seinem Cousin Benvolio sagen:

«Ein Blatt vom Wegerich dient dazu vortrefflich.»

«Wozu?»

«Für dein zerbrochenes Bein.»

Die tollste Eigenschaft des Großen Wegerichs ist aber jene: Als getrocknete Tabakzugabe soll die Pflanze helfen, sich das Rauchen abzugewöhnen. Die Tabakhändler in der Speicherstadt würden den Wegerich glatt entfernen lassen, wenn sie das wüssten.

Im alten Straßenpflaster und an Bordsteinen duckt sich noch das hellgrüne, extrem flach wachsende **Kahle Bruchkraut** (*Herniaria glabra*), wir Botaniker nennen diese Wuchsform «prostrat». Ein in Zunahme begriffenes Nelkengewächs mit unscheinbaren Blüten, wieder mit nichts weiter als mit Staubgefäßen. Was sollen Bienen hier auch ausrichten, wenn überall Leute herumtrampeln, da braucht es einfach nur den Wind. Zerrieben riecht das Bruchkraut sehr angenehm, ein wenig nach frischem Heu: Das frische Heu riecht nach frischem Heu durch den Pflanzenstoff Cumarin, und dieser ist im Kahlen Bruchkraut enthalten. Das Bruchkraut kann man essen, es ist jetzt aber nicht das Kraut, das ich unbedingt auf meiner Zunge haben muss, denn es kratzt ein wenig. In der

Volksmedizin wurde es verabreicht als harntreibendes und blutreinigendes Mittel sowie gegen Knochenbrüche. Der lateinische Name *herniaria* geht auf die Signaturenlehre zurück, nach ihr nahm man an, die Pflanze könne Hernien (Eingeweidebrüche, etwa einen Leistenbruch) heilen. Die moderne Medizin hat einen solchen therapeutischen Erfolg aber noch nicht nachgewiesen. Was aber nicht heißt, dass es ihn nicht geben könnte. Da wären wir wieder beim Glauben, der Berge versetzen kann ... Ich mag die manchmal sogar handgroßen Flatschen dieser Art vor allem wegen ihrer hellgrünen Farbe, durch die sie jedem dunklen Pflaster ein lebendiges Muster verschaffen.

Was ich nach meinem Spaziergang durch die Backsteinarchitektur festhalten kann: In Hamburgs Speicherstadt liegt das Essen tatsächlich auf der Straße, eigentlich ausschließlich, denn außer diesen und den hohen Gebäuden gibt es hier ja nichts ...

Dangast

im und am niedersächsischen Nordseebad

J ürgen, bring mir mal was Wildes mit, der Salat hier in der Pension ist so langweilig.»

Höre ich da richtig? Ach, wieder mal der Salat? Manches ändert sich eben doch nie! Zum zweiten Mal feiert mein Vater seinen Geburtstag in Dangast, es ist der 21. Juni. Ich weiß nicht, wieso es unbedingt dieses Seebad sein muss, der ganze Ort ist eher langweilig. Nun gut, früher ist Dangast mal ein Künstlerdorf gewesen, 1907 reiste der expressionistische Maler Karl Schmidt-Rottluff aus Sachsen an. «Die Gegend ist großartig, man muss das alles unbedingt malen!», schrieb er Erich Heckel, der sofort nach Erhalt des Briefs auftauchte und die Geschäftsstelle der Künstlergemeinschaft «Die Brücke» in Dangastermoor einrichtete. Es kamen dann noch die Kollegen Max Pechstein, Franz Radziwill und viele andere, an deren Namen man sich aber kaum noch erinnert. Mag einiges im Ort ganz hübsch sein, drum herum ist es öde und schlickig. Riesige Maisfelder umgeben den Südteil, schmucklose Urlauberbatterien sind an vielen Stellen zu finden, mithin Einfamilienhäuser, und man kann äußerst praktisch bis ans Meer fahren – viele aus dem Ruhrgebiet verbringen ihre Ferien hier. Zu erkennen an den Nummernschildern, Ruhrpottler lieben die kurzen Wege, nur die Brieftauben und ein gewichtiger Fußballverein fehlen ihnen hier.

Was hat sich mein Vater nur bei der Ortswahl gedacht? Mir kommt es fast so vor, als wolle er in die Fußstapfen von Joseph «Joe» Jackson treten, dem Vater des «King of Pop» Michael Jackson. Der verbrachte seine Geburtstage um das Jahr 2000 als über Siebzigjähriger mehrfach ganz in der Nähe, im ostfriesischen Fischerdorf Carolinensiel, und ließ es sich dort in frischer Luft gutgehen. Dangast war immerhin erstes Heilbad an der Nordseeküste und eben Künstlerdorf, hat eine schmucke alte Strandhalle und eine ziemlich hohe Ziegelmauer zur Abstützung des direkt angrenzenden Geestrückens. Man kann hier mit einem Steinwurf (zugegeben: einem weiten) von der Salzwiese den Waldboden mit Busch-Windröschen erreichen – und das ist sogar einmalig an der deutschen Nordseeküste. Außerdem wird in Dangast ein spektakuläres Schlickschlittenrennen veranstaltet. Was Carolinensiel betrifft, da verstehe ich meinen Vater ja noch eher als Jackson senior, schon bei meinem Idol Michael verstand ich längst nicht alles …

Also: In der Nähe des südlichsten Badeorts Deutschlands gibt es zur Besichtigung auch mehrere Deichprofile aus der Zeit von 1200 bis 2015. Kaum zu fassen, mit welch primitiven Deichen man vor 800 Jahren gegen die Nordsee ankämpfte, die waren kaum zwei Meter hoch. Aber auch Pflanzen gibt es hier zu besichtigen. Oft ganz vorne in den Wiesen oder am liebsten allein im Watt dominiert ein bis zu 40 Zentimeter hoch wachsendes, kaum bekanntes Nahrungsmittel: der **Europäische Queller** (*Salicornia europaea*). Das als «Spargel des Meeres», «Meeresbohne» oder «Meerfenchel» bekannte Gänsefußgewächs ist an Küsten sehr häufig zu finden, im Binnenland eher selten und dort sogar gefährdet. Von allen Gewächsen kommt es am besten mit ständigem Salz zurecht. Köche aus Küstengegenden haben den Queller schon für sich entdeckt, denn er schaut nicht nur hübsch aus, er schmeckt auch noch gut, leicht pfeffrig und selbstverständlich etwas salzig. Manche verarbeiten fleischige Blätter und knackig junge Triebe als Rohkostbeilage, andere als Wildgemüse, blanchiert und in Butter geschwenkt. Ebenso kann er Suppen exotisch aussehen lassen oder sauer in Essig eingelegt werden. Man serviert ihn zu Kartoffelsalat und Krabben oder frittiert in einem Tempura-artigen Teig.

Den Niederländern mundet der Queller sogar so gut, dass sie ihn schon in Gewächshäusern kultivieren, bei so etwas sind die Holländer immer die Allerersten! Die bauen ja auch Fertigrasen für ganze Sportstadien komplett unter Glas an, da ist doch so ein Quellerfeld gar nichts. Zu kaufen ist er dann meist an den Fischtheken, wo man ihn zur Frischhaltung auf Eis legt. Gesund ist er zudem, enthält er doch so viele wichtige Nährstoffe wie Eisen, Kalium, Kalzium, Kupfer, Magnesium, Natrium, Phosphor, Schwefel, Kalzium und Zink. Einst wurde der Queller auch Glasschmelz genannt, denn der Glasmasse beigemengt, sorgte er für die Herabsetzung des Schmelzpunktes. Ebenso benutzte man ihn beim Sieden von Seifen. Ich pflücke ein paar junge Queller-Spitzen, die müssten meinem Vater eigentlich recht sein.

Längs der Küstenlinie, aber ebenso im Landesinneren residiert ein weiteres Gänsefußgewächs, die **Spieß-Melde** (*Atriplex prostrata*), sie ist an der Küste sogar richtig häufig und nicht nur auf lückig bewachsene Salzwiesen beschränkt. Die Melde kann zwischen zehn und 90 Zentimetern hoch werden. Die Blätter sind deutlich dreieckig, blau- bis frischgrün und von derber Natur, fast meint man, die Blätter brechen zu können. Jüngere Blätter isst man wie Salat, aber auch Sprossen und die unscheinbaren Blüten sind essbar. Roh sollte man davon nur wenig verzehren, doch blanchiert wie Spinat hat man ein Wildgemüse, das zugleich wunderbar nussartig und salzig schmeckt. Die Samen kann man mahlen, auf diese Weise hat man eine Art Stärke zum Andicken von Soßen oder einen Mehlzusatz zum Brotbacken. Doch wenn ich mir die Samen so anschaue – sie liegen flach innerhalb von zwei «dreieckigen Klappen» –, dann müssen Sie schon einiges an Zeit aufwenden, um mengenmäßig so viel zu gewinnen, dass Sie damit überhaupt kleine Brötchen backen könnten. Der schon erwähnte schwäbische Arzt Leonhart Fuchs meinte, gekochte Melden würden den Bauch erweichen, und die Samen, mit Honigwasser genossen, Gelbsucht heilen.

Vom nun folgenden Kraut werde ich auf jeden Fall etwas in meine Frischhaltetüte stecken: vom **Schwarzen Senf** (*Brassica nigra*). Er wächst direkt an einem der beiden Campingplätze, eigentlich völlig unerwartet. Es ist eine Art, die bei der Herstellung von küchenfertigem Tafelsenf verwendet wird (ähnlich wie der Weiße Senf), und je höher der Anteil von Schwarzem Senf ist, umso schärfer wird die Mischung. Womit hat das zu tun? Im Schwarzen Pfeffer gibt es den Inhaltsstoff Sinigrin, das ist das Senfölglycosid, und dieser Stoff sorgt für die scharfe Note.

Der Schwarze Senf ist übrigens im Mittelmeerraum beheimatet, er wurde schon von den Römern kultiviert. Pythagoras, Vorsokratiker und einer der bedeutendsten Protagonisten der Mathematik (obwohl der Satz des Pythagoras, jedem noch aus dem Matheunterricht bekannt, gar nicht von ihm sein soll), hat einmal gesagt, dass Senf nicht nur das Essen schärfe, sondern auch den Verstand. Blätter und Sprossenteile kann man wie Kresse benutzen, sie schmecken in

Kräuterquarks, Salaten oder auf Wurststullen. Reife und getrocknete Samen verwendet man beim Kochen wie ein Gewürz, egal ob zu Grünkohl oder eingelegtem Gemüse. Das schmeckt nicht nur gut, das regt auch Stoffwechsel und Verdauung an. Samenkörner von Senfpflanzen sind uralte Heilmittel, gemahlen setzt man sie als Senfpflaster oder Senfwickel ein, dazu gemahlene Körner mit lauwarmem Wasser verrühren. Ein solcher Umschlag soll gegen Fieber, Husten, Muskelschmerzen und Rheuma wirken.

Eine ungemein hübsche Futterpflanze ist der **Rot-Klee** (*Trifolium pratense*), aber nicht nur Hasen und Kühe mögen ihn, er hat noch weit mehr Potenzial und schmeckt auch den aufrechten Zweibeinern. Gerade die roten, süßlich schmeckenden Blüten verschönern und werten sogar geschmacklich jeden Salat auf. Wenn man nicht nur ans Optische denkt, sondern die Blütenblätter einzeln auszupft, so erlebt man einen intensiven Süßgeschmack, fast so grandios wie der von Marmelade. Ganz toll schmecken die roten Blütenköpfe aber auch zusammen mit angebratenen Zwiebeln, die Sie vielleicht zu Ihrem Steak zubereitet haben oder zu einem Pfannengemüse mit Zucchini. Die Samen kann man wie bei der der Spieß-Melde (siehe S. 195) zu Mehl verarbeiten, was aber eine ähnlich mühsame Angelegenheit ist. Aber vielleicht geraten wir doch irgendwann in große Not, dann sind wir wenigstens gewappnet ... Blätter und Blüten des Rot-Klees versprechen sogar Heilung, äußerlich aufgelegte Umschläge wurden früher bei Hauterkrankungen und zur Wundbehandlung verabreicht. Aktuell hat der Rot-Klee große Bedeutung bei der Behandlung von Hormonschwankungen im Klimakterium, ein Aufguss aus Blättern und Blüten lindert nervöse Gereiztheit, Hitzewallungen und Schlafstörungen. Ich glaube, den Rot-Klee muss ich auch mal auf Herz und Nieren testen.

Zum Pflichtprogramm aller Kräuterkundigen sollte das **Behaarte Franzosenkraut** (*Galinsoga ciliata*) gehören, welches sich auf beiden Campingplätzen und an Dangasts «Prachtstraße» zum Strand hin breit gemacht hat. Es ist ein Kraut mit niedlichen kleinen weißen Blüten und wird von mir bei jeder sich bietenden Gelegenheit vorgestellt und vor allem vorgegessen. Warum sollte das jetzt anders sein? Man versuchte für das Franzosenkraut in Deutschland den Namen «Knopfkraut» einzuführen, was aber misslang. Es fühlt sich fast überall heimisch, ein Weltenbummler, stammt aus Südamerika. Das zehn bis 70 Zentimeter hohe Kraut erblüht und fruchtet bei uns nach Herzenslust, ein Senkrechtstarter am Neophytenhimmel (Neophyten sind pflanzliche Neueinwanderer).

Das Franzosenkraut ist sehr eiweißhaltig und reich an Mineralien wie Kalium und Phosphor. Es enthält fünfmal mehr Magnesium und elfmal mehr Kalzium als die gleiche Menge Kopfsalat. Die Pflanze riecht nach Kohl, schmeckt aber nach Kopfsalat, ähnlich mild. Und so sollte man sie auch verwenden, nur eben als Wildsalat. Da die Blätter etwas behaart sind, haftet an ihnen besonders gut das Dressing. Aus Blättern, Blütenknospen, jungen Blüten und Stielen gewinnt man einen schmackhaften Wildspinat oder ein Pesto. Die einzelnen Pflanzenteile passen auch zu Avocado-Salat und Pasta mit Sahnesoße. Aus den Samen lässt sich ein Speiseöl pressen, das aber auch nur als Survival-Tipp, denn so richtig groß sind sie nicht, da können Sie ordentlich und lange pressen. Die Volksmedizin hat überliefert, dass ein Tee aus Blättern und Blüten blutreinigend ist und gegen Vitamin-C-Mangel hilft. Mal wieder ein Musterbeispiel für eine völlig verkannte neue Pflanzenart bei uns, die man zu Kaisers Zeiten sogar noch polizeilich melden musste. Wie die Kammerjäger rückten dann die Unkrautvernichtungskolonnen an – heute kaum zu glauben.

Mit meiner Ausbeute wandere ich nun zurück zu meinem Vater, mit diesen gesunden Kräutern für die laufende Urlaubswoche wird er bestimmt noch einige Geburtstage in Dangast feiern können. Ich besuche ihn dann auch bestimmt wieder.

Flensburg

die Förde zwischen
Wassersleben und Solitüde

Über zwei Wochen sind vergangen, seit ich in Friesland war, nun steuere ich eine Stadt ganz hoch im Norden an: Flensburg, am 9. Juli. Es ist eine Fördestadt, am westlichsten Punkt der gesamten Ostsee gelegen, die Stadt des Rums, die Stadt von Beate Uhse und Dieter Thomas Heck, des Kraftfahrtbundesamtes und der SG Flensburg-Handewitt, des mehrfachen deutschen Handballmeisters, der 2014 sogar Champions-League-Sieger war. Sowie die Stadt der letzten Reichsregierung unter Admiral Dönitz bis zur Kapitulation am 8. Mai 1945. Und nicht zu vergessen: Flensburg ist mein Geburtsort. Eine seltene Mischung, oder nicht? Aber während Dieter Thomas Heck (Jahrgang 1937) hier nur ungefähr sechs Wochen lebte, waren es bei mir (Jahrgang 1960) immerhin fast sechs Jahre.

Flensburg hat zirka 85 000 Einwohner, ist hinter Kiel und Lübeck die drittgrößte Stadt in Schleswig-Holstein. Sie grenzt aber nicht direkt an Dänemark (meine Mutter ist übrigens Dänin), das dachte irrtümlich auch ich immer. Nein, da liegt noch der Landkreis Schleswig-Flensburg dazwischen, mit einer Breite von nur 1,5 Kilometern. Die Förde ist gut fünfzig Kilometer lang, entstanden aus einer Ausschürfung einer Gletscherzunge während der letzten Eiszeit, der Weichseleiszeit. Am Ostausgang der Förde zur offenen Ostsee liegt eines der tollsten Naturschutzgebiete in ganz Schleswig-Holstein, die Geltinger Birk, mit Dünen, Salzwiesen, Schilfsümpfen, ja sogar mit Laubwald. Und was hier alles an Vögeln brütet: Graugans, Kranich, Knäkente, Mittelsäger, Tüpfelralle, Zwergseeschwalbe,

Rotschenkel, Neuntöter, Sprosser und Karmingimpel. Dazu gibt es eine Graureiher- und Kormorankolonie. Jetzt schweife ich aber ab, hier will und darf ich ja auch gar nicht sammeln.

Meinem Vater habe ich nichts von meiner Reise zu meinen Ursprüngen erzählt, er hätte mir doch sowieso nur aufgetragen, wen und was ich alles besuchen sollte. Ich nische mich also, befreit von familiärer Vergangenheit, in und um das Strandbad Wassersleben ein. Und schon mal gleich vorweg, die imposanteste Pflanze an und vor der Förde ist ganz klar der Riesen-Schachtelhalm, der aber leider giftig ist und auch schon ein bisschen so aussieht. Dass er aber fast vor der Salzwiese zum Stehen kommt – er hält abrutschende Kliffküsten fest, ist sozusagen das erste grün gewordene Wundpflaster – hätte ich nun wirklich nicht gedacht.

Oberhalb vom Strand mit feinem Sand sieht man immer wieder das **Schmalblättrige Weidenröschen** (*Epilobium angustifolium*) mit prächtig rosenroten Blütenständen. Ein typischer Juliblüher und schon seit Ewigkeiten einer meiner speziellen Favoriten. Die langen, schmalen Blätter und Sprossspitzen mischt man bis Juli Salaten bei (leicht bitter), junge Sprosse kann man wie Spargel schälen und zubereiten (etwas säuerlich), die süßlichen Wurzeln verfeinern Gemüsebeilagen und Zucchinigratin mit Schafskäse oder sind Zutat beim Brotbacken. Highlight sind jedoch die prächtigen Blüten, die sich hervorragend als essbare Dekoration eignen.

Traditionell hat man Blätter und Blütenknospen zu Tee gegen Magen- und Darmentzündungen aufgebrüht. Aus der auffallenden Samenwolle drehte man einst

Kerzendochte. Dazu gibt es auch eine Legende. Maria, die Mutter Jesu, war schon betagt, als sie mit dem Evangelisten Johannes unterwegs war. Schließlich musste sie sich vor Müdigkeit an den Rand eines Brachfelds setzen. Dabei schlief sie ein, währenddessen pflückte Johannes Blumen und legte sie unter ihren Kopf. Als Maria aufwachte, blieben einige ihrer Haare an den Fruchtschalen des Weidenröschens hängen. Seit jener Zeit tragen die reifen Samen weißes Haar. Wegen der oft flächendeckenden Bestände gerade auch in Gebirgen mit sauren Gesteinen wird diese bis zwei Meter hohe Pflanze auch Feuerkraut genannt. Und nach dem letzten Weltkrieg brach auf den von Schutt eingeebneten, noch nicht bebauten Flächen der Großstädte ein wahrer Weidenröschen-Boom aus, der Name «Trümmerrose» war geboren.

Nun wird es weiß mit dem **Weißen Steinklee** (*Melilotus albus*), bis zu 150 Zentimeter kann er sich strecken, er blüht von Juni

bis in den Oktober hinein. Junge Triebe erntet man am besten noch vor dem Blühen. Bevor man damit Gemüsegerichte wie Wurzeleintöpfe oder Ratatouille mit Auberginen, Paprika, Tomaten und Zucchini würzt, sollten sie ein bis zwei Tage vor sich hin welken, damit ihr Aroma so richtig zur Geltung kommt. Sekt- oder Weinbowle erhält mit fein geschnittenen Kleeblättern das gewisse Etwas. Steinklee eignet sich auch gut zur Herstellung von Heublumenkäse, denn er enthält Cumarin, jenen Pflanzenstoff, der den Geruch von frischem Heu unvergesslich macht. Mit den Blüten aromatisiert man Likör, Limonade oder Marmelade. Steinklee ist in vielen Präparaten enthalten, die Venenprobleme (schwere Beine) lindern sollen, vor allem wird er äußerlich aufgetragen. Umschläge aus einzelnen Pflanzenteilen helfen bei Blutergüssen und Prellungen.

Ich gehe weiter am Strand entlang, wo im Kontakt zu Röhrichten (zum Beispiel aus Schilf, siehe S. 35) der **Sumpf-Ziest** (*Stachys palustris*) mit seinen purpurroten Blüten die Sonne genießt. Er ist ein prächtiger Lippenblütler, Laien halten ihn deshalb gern für eine Orchidee. Aber wer Orchideen kennt, so unangenehm wie Zieste riechen die nicht, ganz im Gegenteil. Nicht mal reiben muss man an der Art, das unangenehm Strenge liegt bereits so in der Luft. Zarte Blätter und junge Triebe kocht man wie Gemüse, aber wieder nur bis zur Blüte, also höchstens bis Juni. Sie schmecken dann viel besser, mehr nach würzigen Pilzen und kräftigem Olivenöl. Die Ziest-Samen streut man bis in den Oktober hinein als Gewürz in Salate oder über eingelegtes Gemüse. Der Pflanze sagt man nach, dass sie als Tee harntreibend und krampflösend wirkt. Eben komme ich von der Weser in Bremen, hier ist, nach einer Mahd im Juli, jetzt alles voll mit blühendem Sumpf-Ziest – Sie können ihn also dann sogar noch bis November einsacken …

Nun bin ich am Seebad Solitüde angelangt, auf der Fördesüdseite. Eigentlich sollte es in die Innenstadt gehen, aber hier wird im Hafen gefeiert. Ausgerechnet heute! Nee, das mache ich nicht mit, diese Menschenmassen sind womöglich auch noch Rum-getränkt … Wir Kinder waren im Sommer sehr oft im Solitüde, an diesen komischen Namen erinnere ich mich, da ging es hin zum Baden und Burgenbauen. Richtige (Vor-)Dünen gibt es sogar in diesem Bad. Es existieren von diesen herrlichen Sommertagen wahre Bilderserien, anfangs noch in Schwarz-Weiß, später in Farbe, abgelegt in dicken Alben.

Massenhaft wächst und gedeiht jetzt dort vor den Steilhängen, ein Bächlein gluckert auch herbei, das **Echte Mädesüß** (*Filipendula ulmaria*). Die Pflanze mit den cremeweiß leuchtenden Blüten beweist, dass man auch wunderbar süß duften kann, glatt eine Er-

holung nach dem Ziest. «Mädchensüß», verkünde ich immer. Die Blüten nimmt man aufgrund ihres Wohlgeruchs und mandelartigen Geschmacks, um süße Speisen und Getränke zu aromatisieren. Der Name wird sicher damit zu tun haben, dass die Art einst Met beziehungsweise Honigwein versüßte. Klein geschnittene Blätter des Krauts lassen Fisch- und Wildgerichte süßlich-herb schmecken. Oder man blanchiert ganze Blätter wie Spinat. In der mittelalterlichen Klostermedizin wurde dem Mädesüß nur wenig Beachtung geschenkt, heute ist in der modernen Medizin das Gegenteil der Fall, denn die Pflanze enthält natürliche Salicylverbindungen. Salicylsäure wird heute meist chemisch synthetisiert und als Acetylsalicylsäure in vielen Schmerzmitteln (zum Beispiel Aspirin) angeboten, Bayer lässt grüßen. Das Echte Mädesüß besitzt also antimikrobielle, entzündungshemmende sowie schmerzstillende Wirkungen. Der Tee aus Kraut und Blüten wirkt effektiv bei Erkältungskrankheiten und ist sehr schweißtreibend.

Ein Beobachter des sommerlichen Förde-Strandtreibens ist auch der **Wasserdost** (*Eupatorium cannabinum*), eine ungemein attraktive Pflanze, jedenfalls für mich und auch was die Bienen, Fliegen, Hummeln und Schmetterlinge anbelangt. Sie lieben es, ab Juli um die schirmchenförmigen, rosaroten Blütenstände zu summen und zu flattern, diese Art nimmt sogar stark zu. Da die Blätter an Hanf erinnern, wird der Wasserdost auch Wasserhanf genannt (lat. *cannabinum* von Cannabis = Hanf). Gegessen wird hier nichts, er ist eine alte Heilpflanze für Verschnupfte. Ein Tee aus Blättern, frisch vor der Blüte gesammelt (getrocknet verliert Wasserdost seine Wirksamkeit), oder von getrockneten Wurzeln, wirkt Erkältungen entgegen. Im antiken Griechenland wurde Wasserdost gegen Durchfälle eingesetzt, mittelalterliche Kräuterbücher empfahlen ihn zur Behandlung hartnäckiger Erkrankungen und Wunden – dort firmiert er unter «Kunigundenkraut» oder «Grundheil»!

Was leuchtet denn da noch so rot? Herrlich, **Himbeeren** (*Rubus idaeus*)! So ein Strauch kann in der Wildnis bis 1,80 Meter hoch wachsen, erst im 16. Jahrhundert wurde die Pflanze kultiviert. Ich futtere eine Beere nach der anderen, leider sind nicht mehr so viele reife Früchte dran, denn so mancher Beerenliebhaber hat hier schon vor mir schnabuliert. Die Himbeere ist meine Lieblingsfrucht! Ich mag alles, was mit ihr gemacht wird: Himbeereis, Himbeerkuchen, Himbeermarmelade, Himbeermilchshakes, Himbeersaft. Leider gibt es noch keine Himbeerschokolade. Jeder Obstsalat wird mit Himbeeren um einen Farbtupfer reicher, jedes Müsli schmeckt mit diesen Früchten genial. Blüten sind essbare Deko. Junge Blätter kann man klein schneiden und in Salate geben. Getrocknet ergeben sie einen Tee, gegurgelt bei Entzündungen im Mund- und Rachenraum, getrunken stärkt er das gesamte Immunsystem. Frauen profitieren von einem solchen, wenn sie unter dem Prämenstruellen Syndrom oder Stimmungsschwankungen leiden. Ihr vieles Eisen trägt zur Blutbildung bei. Archäologische Funde beweisen, dass man Himbeeren schon in der Steinzeit kannte – für mich kein Wunder. Wussten Sie aber, dass nach der Fruchtreife die Sprosse immer absterben, nur die zweijährigen Triebe blühen dann, und nur hier sitzen auch die Früchte. Das gilt ebenso für alle Brombeeren.

Keine einzige Beere bleibt jetzt noch am Strauch hängen, ich kann mich nie sattessen. Apropos satt, oder besser gesagt: nimmersatt, dazu eine Geschichte, eine wahre Geschichte, wieder mit meinem Botanik-Freund Hannes, der auch ein toller Vogelexperte ist. Er kennt den Nimmersatt höchstpersönlich. Während eines Urlaubs vor wenigen Jahren auf Fuerteventura, einem Eiland der Kanarischen Inseln, trug es sich zu, dass sich dahin einige dieser Nimmersatten aus dem nahen Afrika, nämlich weiße Storchenvögel von ein Meter Höhe, «verflogen» hatten. Am Tage äußerst scheu, selten sah man sie in Ruhe, aber jeden Abend, wenn «unsere zweibeinigen Freunde» zum gemütlichen Teil übergingen, spazierte in der Dämmerung, plus-minus fünfzehn Minuten, seelenruhig ein Nimmersatt durch die Restauranttür, um sich seine tägliche Fleischabfallration abzuholen. Überhaupt nicht zimperlich, und diese Prozedur wiederholte sich von Jahr zu Jahr. Der Schreitvogel war der absolute Hit im Urlaubsort, ein ungewöhnliches Naturereignis.

Flensburg habe ich dieses Mal leider nur «angestochen», aber immerhin: Nach genau fünfzig Jahren bin ich endlich mal wieder dort gewesen. Ich komme sicher bald wieder!

Oberes Wesertal

zwischen Holzminden und Bodenwerder

D er Juli neigt sich langsam dem Ende zu, das sonnige Wetter hält noch immer an, angenehm warm ist es. Ich bin im überwiegend stark eingeengten Wesertal, fahre von Dorf zu Dorf, es ist eine wunderschöne Gegend. Holzminden ist die Stadt der Düfte und Aromen, hier sitzt das größte deutsche Duft- und Geschmackstoffunternehmen. Regelmäßig suchen Puddingaroma- oder Fichtennadel-Schwaden die niedersächsische Kreisstadt heim: Kein Geruch, den die modernen Duft-Ingenieure hier nicht synthetisch nachzubauen versuchen, kaum mehr ein Gegenstand, der von ihnen nicht beduftet wird. Wie stark ein Duft auf die Psyche einwirken kann, zeigte einmal der US-amerikanische Geruchsforscher Gary E. Schwartz auf. Schwartz dachte sich Fragen aus, von denen er annahm, dass sie seine Testpersonen belasteten, zum Beispiel solche, die auf geheime Wünsche oder Laster abzielten. Während er sie auf diese Weise in eine Stresssituation brachte, setzte er einige Probanden einem Gewürzapfelduft aus, bei der Kontrollgruppe ließ er diesen weg. Ergebnis: Alle, die den Apfelduft rochen, blieben ruhiger als die Kontrollgruppe, sie atmeten langsamer, ihre Muskeln waren entspannter, ihr Blutdruck niedriger. Das hätte man dem Herrn Schwartz doch gleich sagen können, dazu bedurfte es keiner Studie.

Ich bin nun in Bodenwerder und somit in bestem Münchhausenland. Der Lügenbaron Hieronymus Carl Friedrich Freiherr von Münchhausen kam 1720 in Bodenwerder zur Welt. Als Landedelmann konnte er es sich leisten, Gäste zu bewirten. Die kamen gern, sogar aus weiter Ferne, um sich den Bauch mit Köstlichkeiten vollzuschlagen, aber auch, um seine fabelhaften Geschichten zu hören. Etwa die vom achtbeinigen Hasen oder dem berühmten Ritt auf der Kanonenkugel, um die feindlichen Stellungen zu inspizieren. Oder wie er sich selbst samt Pferd aus dem Sumpf gezogen hat. Absurdes finde ich immer klasse, deshalb atme ich tief die Luft von Bodenwerder ein. Vielleicht kann ich ja auch mal in einen Wolfsschlund greifen und sein Inneres nach außen wenden – wo ich doch in der Lüneburger Heide gerade meinen ersten Wolf sah, live versteht sich!

Auf der Dorftour flussaufwärts vernachlässige ich aber keineswegs meine Futterpflanzen. Blütenreiche Straßenränder und Felsenrasen schmücken sich mit dem hier relativ häufigen, buschigen, 20 bis 70 Zentimeter hohen **Gewöhnlichen Dost** (*Origanum vulgare*), besser bekannt unter Oregano. Auf das kleinblättrige Kraut mit aromatischem, leicht pfeffrigem Geschmack verzichtet keine Küche. Der kann auch mal ins Säuerliche abgleiten, weshalb man mit diesem Dost eine ganze Menge würzen kann (getrockneter Oregano ist dabei stets würziger als frischer), etwa gebratenes Fleisch oder gegrilltes Gemüse. Hervorragend schmeckt er zu Schafskäse in einem griechischen Bauernsalat. Zum Würzen nimmt man Blätter, junge Triebspitzen und die rosafarbenen Blüten, selbst alte Stängelabschnitte veredeln Bohneneintopf mit Wursteinlage oder Lammragout. Auf Pizza mit Mozzarella und Tomate ist Gewöhnlicher Dost geradezu Pflicht! Hippokrates empfahl ihn als Tee (Verwendung finden alle Teile) zur Geburtsbeschleunigung, bei Erkältungen und Zahnproblemen. Hildegard von Bingen verwies auf seine heilende Wirkung bei der «roten Lepra» (Hautreizungen, Schuppenflechte). Heute setzt man ihn eher bei Appetitlosigkeit und Verdauungsbeschwerden ein. Beides kommt bei mir nicht vor!

Vielleicht fragen Sie sich gerade, warum bislang weder Basilikum noch Thymian vorgekommen sind. Ich kann Ihnen darauf eine Antwort geben: Basilikum wächst natürlich wild nur in sehr heißen Gegenden, etwa im Mittelmeerraum, in Asien, Afrika, Süd- und Mittelamerika. Es ist das wohl wärmebedürftigste Kraut, das es gibt, und kam einst von Indien nach Südeuropa. Kultivierter Basilikum wird heute sogar zweimal am Tag mit einem Stock gestrichen, um ihn abzuhärten, es soll keine Pflanze sein, die sofort schlapp macht. Und den Arznei- beziehungsweise Feld-Thymian möchte ich lieber schön blühen lassen, er steht zudem in allen nördlichen Bundesländern auf den Roten Listen. Auch ist er «Kennart» vieler Naturschutzgebiete mit sogenannten Halbtrockenrasen, weshalb er in diesen weiter ungestört sein soll. Ansonsten bleibe ich bei meiner Devise: Gehen Sie wieder «querfeldbeet», verlassen Sie vorgegebene Wege, bekommen Sie wieder ein Gefühl für Naturschönheiten und damit auch ein Gefühl für wilde Kräuter. Nur das, was man kennt und schätzt, kann man gegebenenfalls auch schützen.

An den vor allem tausalzgetränkten Straßenrändern fallen jetzt die gelbgrünen Prachtdolden vom bis 1,50 Meter hohen **Pastinak** (*Pastinaca sativa*) auf. Einst wurde er auch Hammelrübe genannt, mit den tollen Knollen wurde nämlich das Vieh gefüttert. Immerhin kann eine einzelne Knolle bis zu 1,5 Kilogramm wiegen, das lohnt sich wahrlich! Bereits vor langer Zeit wurde der Pastinak angebaut, doch erst langsam kommt er in Küchen wieder in Mode, wo man ihn als Gemüse zubereitet oder in Suppen verwendet. Karotten und Kartoffeln verdrängten ihn einst vom Speiseplan. Man kann die Knolle aber auch roh essen oder in kleine Streifen raspeln und Salaten zufügen. Sie schmeckt süßlich-würzig und dezent nussig.

Wer mal gesündere Pommes essen will, kann die Knollen entsprechend zuschneiden (möglichst nicht schälen, eher mit einer Nagelbürste vorsichtig sauber schrubben), auf ein Backblech legen und dann ab in den Ofen. Der Nährwert der Pastinaken übertrifft den der Möhren, sie lindern Magen- und Darmbeschwerden und regen die Verdauung an. Übrigens kommt diese Küchenpflanze, mein spezielles Grün-Gold an Straßenrändern, vor allem nach einer (ersten!) Mahd im Juni so richtig zur Geltung. Dann schießt er raketenartig nach oben, alles andere bleibt geschockt zurück. Diesen Doldenblütler kann zwischen Juli und September jede / r gut erkennen, ich sage jetzt mal: schon vom landenden Hubschrauber aus!

Noch eine andere Pflanze blüht hier, mal weiß, auch mal leicht rosafarben, als wolle sie alle Aufmerksamkeit auf sich ziehen: die **Große Bibernelle** (*Pimpinella major*) – bei ihr muss man einfach zubeißen. Sie wächst aus einer Pfahlwurzel mit kräftigen, stark kantigen Stängeln bis zu einem Meter hoch. Die einfachen Fiederblätter schmecken jung angenehm würzig, eine ideale Salatzugabe. Man kann sie auch wie Spinat blanchieren oder erfrischenden Drinks zugeben, ähnlich wie Gurke oder Minze. Einst nutzte man das Kraut als Bierwürze und um Wein geschmacklich aufzuwerten. Größere Bedeutung hatte immer die Wurzel. Klein geschnitten und getrocknet würzte man mit ihr Gemüse- und Fleischgerichte. Noch wichtiger aber war das Heilen mit Großer Bibernelle. Tee getrockneter Blätter eignet sich zum Gurgeln bei Atemwegserkrankungen, lindert getrunken Blähungen, Blasenleiden und sogar Gicht. Im Mittelalter glaubte man, die Große Bibernelle böte Schutz vor der Pest, aber Husten oder der Schwarze Tod waren doch zwei verschiedene Paar Schuhe.

Weiter geht es kurvenreich «linksweserisch» bis nach Höxter, dortigen Studentinnen und Studenten werde ich diese drei Hochsommerblüher mit Sicherheit auch zeigen – und noch vieles mehr aus den besonders artenreichen Fluss- und Stromtälern in Deutschland. Und auf der Rückfahrt steige ich, wie jedes Mal, wieder auf die alte Burg in Polle und lasse den Blick über das Wesertal und auf die tolle Gierseil-Fähre schweifen.

Wettin an der Saale

im Süden von Sachsen-Anhalt

D er vorletzte Julitag, ein leichter Wind bei sonnig-warmem Wetter, ich treibe mich in Wettin am linken Saaleufer herum. Vorhin, bei der kleinen Stadt Könnern an der Bundesstraße nahe der Autobahnabfahrt, hatte ich mal wieder ein Techtelmechtel am Landesstraßenrand mit meinen Lieblingen: Drüsige Kugeldistel, Krähenfuß-Wegerich, Sichelmöhre und Wege-Distel betrachtete ich dort. Plötzlich hält quietschend ein Motorradfahrer hinter mir. Um eins fünfundneunzig groß und pechschwarz gekleidet, reißt er seinen Helm vom Kopf. Hatte ich etwas verbrochen? Ihn etwa fotografiert, hatte er Hunger auf Grünzeugs? Nein, nichts von alledem.

«Herr Feder», keuchte es aus ihm heraus, halb schüchtern, halb jubilierend, «Sie hab ich gleich erkannt. Wer, wenn nicht Sie, fotografiert mitten im Autolärm und im Staub Pflanzen? Super, was Sie so machen, aber wie schaffen Sie das nur? Übrigens, ich bin Student aus Bernburg, Landschaftsplanung!»

Ich staunte nicht schlecht, in Bernburg kann man also Landschaftsplanung studieren, und ich war noch nie dort … «Sie müssen sich selbst für Pflanzen motivieren», erwidere ich. «So gut wie kein Professor macht das mehr, die Forschung steht im Vordergrund, die Lehre ist den meisten doch viel zu anstrengend!»

Da hatte ich den Motorradfahrer aber am Wickel. «Das kann ich bestätigen, aber ein Projekt haben wir hier bei Wettin, wir untersuchen Halbtrockenrasen, wie viel und wann man ihn beweiden muss, um seltene Gewächse zu fördern und feindliche Gehölze, etwa Robinien, in Schach zu halten.» Er sprudelte weiter, meinte,

Pflanzen würden ihn sehr interessieren, seien nur so schwer auseinanderzuhalten, Gräser zu unterscheiden gar eine Herkulesaufgabe.

«Ach», sagte ich, «wenn man erst mal so zweihundert davon gesehen hat, wird es ziemlich einfach. Aber man muss sich auch wirklich für Pflanzen begeistern, dann wird es zum Kinderspiel! Motto dabei: immer fragen, fotografieren, katalogisieren, notieren, mit den Arten leben von Januar (wenn man eigentlich noch nichts sieht) bis Dezember (wenn man eigentlich nichts mehr sieht)!»

Da musste der Student herzhaft lachen, noch ein schnelles Selfie schießen, und mit meinen guten Wünschen düste er dann fort.

In Wettin herrschten einst die Wettiner, das ist jetzt keine Überraschung: deutscher Hochadel, seinen Namen von der Burg Wettin hergeleitet. Mit Unter-, Mittel- und Oberburg ist sie ein monströses Ding, steil geht es enge Gassen zu ihr hinauf, das Städtchen ist nichts für Leute, die nicht gut zu Fuß sind. Auch die Umgebung ist ziemlich schluchtig, aber deswegen äußerst reizvoll. In Wettin gibt es noch schönes altes Kopfsteinpflaster, im Norden aber hässliche Plattenbauten aus der DDR-Ära, dazu viel Rauputz. Die Burg, die auch Schloss genannt wird, dominiert trotzdem alles. Ihr Ursprung liegt im Dunklen, erstmals wurde sie in einer Urkunde 961 erwähnt. Die Wettiner galten deshalb als Hochadel, weil sie einige Herrscher Sachsens und Thüringens stellten, zeitweise sogar den König der Polen. Alles an der Burg, was dem Touristen sofort ins Auge fällt, ist besser restauriert als die versteckteren Teile, so ist die Mittelburg stark sanierungsbedürftig, dagegen die Unterburg, gerade vom Fähranleger aus einsehbar, ganz prächtig herausgeputzt. Doch nirgendwo Touristen, einzig im neuen Netto-Supermarkt gehen Leute ein und aus. Hier werde ich fast überfahren, denn ein Irrer überholt im Ort einen Pkw mit an die 100 Sachen, ohne mich dahinter zu sehen – er schrammt haarscharf hinter mir vorbei –, das habe ich Steffi noch gar nicht erzählt, sie darf dieses Mal das Buch besser nicht bis zu Ende lesen.

Die Fähre über die Saale ist wegen Bauarbeiten stillgelegt, einzig vier, fünf Angler zähle ich an den Ufern, gelassen vor sich hin dösend. Wettin ist Teil der Stadt Löbejün-Wettin, dabei liegen beide Orte glatt fünfzehn Kilometer auseinander – der Rationalisierungswahn treibt seltsamste Blüten. Der Name «Wettin» ist slawischen, genauer altsorbischen Ursprungs, er stammt von *vitin* ab (*vit* bedeutet «willkommen»). Wettin war einst Eingangstor vom germanischen zum slawischen Raum, nämlich an einer strategisch günstigen Saalefurt.

In einer derart geschichtsträchtigen Umgebung muss einfach ein Gewächs brillieren, es ist die hier häufige **Wilde Malve** (*Malva sylvestris*) mit ihren gestreiften Blüten in einem Rosenrot. Sie erreicht eine Wuchshöhe von bis zu 120 Zentimetern, damit kann sie aber mit der Burganlage gegenüber nicht konkurrieren. Die jungen Blätter sind den älteren vorzuziehen, klein geschnitten würzen sie angenehm Suppen und Salate. Man kann sie aber auch im Ganzen anbraten und zum Beispiel zu Kalbssteak oder gegrilltem Fisch servieren. Die großen Blüten sind nicht nur hübsch, sie sind auch essbar, Getränkehersteller verwenden sie in Erfrischungsgetränken (Malvenblüten harmonieren hervorragend mit Zitronenmelisse). Auch im Käse können Blätter und Blüten verarbeitet werden. Als alte Heilpflanze wurden ihre einzelnen Teile sowohl innerlich als auch äußerlich angewandt, die Wilde Malve galt als universal einsetzbar. Blätter, Samen und Wurzeln wurden weiterhin in Wein gesiedet und bei Lungenbeschwerden zum Trinken verabreicht. Ein Aufguss aus Blättern und Blüten half den Magen wieder zu beruhigen und Mundentzündungen zu lindern, wozu Malventee heute noch benutzt wird, zudem lassen sich mit ihm Erkältungen abfedern.

Blühende Malven sind immer wahre Geschenke, die ich auch gerne annehme, anderes würde ich mir da eher nicht schenken lassen. Ein Motorrad etwa, ein Pferd oder einen Schießstand? Stellen Sie sich mal vor, Sie bekämen einen Schießstand umsonst? Oder einen Pudel? Nein! Dann doch lieber Malven!

In Wettin hat sich eine echte, aber vegane «Bordsteinschwalbe» niedergelassen, ein Platten- und Pflasterritzenkönig, der **Gemüse-Portulak** (*Portulaca oleracea*) aus Südeuropa. Ein meist gelb blühendes Kraut mit dickfleischigen Blättern und noch dickfleischigeren Stängeln, die oft rot sind. Ein Paradebeispiel dafür, dass das Essen auf der Straße liegt, eine Flunder unter unseren Gewächsen. Die hellgrünen bis rötlichen Blätter an ein bis zehn Zentimeter hohen, aber sogar bis ein Meter breiten Individuen werden bis zu fünf Zentimeter lang und passen mit ihrem saftig-frischen Geschmack zu Salaten mit Gurke, Radieschen und Tomate sowie prima zu Eiern und Geflügel. Die Blätter sind vorne oft breiter als zum Stiel hin, spatelig nennen wir Botaniker das. Der Gemüse-Portulak ist eine

echte Delikatesse, die bislang viel zu häufig ignoriert wurde. Im Mittelalter wusste man ihn weitaus mehr zu schätzen, da wurde der anpassungsfähige Portulak sogar kultiviert. Aus den Samen stellen die australischen Aborigines Brot her. Schon im alten Babylon, also seit dem achten vorchristlichen Jahrhundert, kannte man die Art als Heilpflanze, insbesondere wurde sie empfohlen, wenn der Magen in Mitleidenschaft gezogen war. In der Klostermedizin galt sie als harntreibend und reinigend, sie half bei Entzündungen im Mund sowie bei Hautproblemen.

Besonders hoch im Kurs bei Veganern ist der **Zurückgebogene Amarant** (*Amaranthus retroflexus*). Er taucht aber mit seiner keulenförmigen, eher düsteren Gestalt bis zu einem Meter Höhe erst in der zweiten Jahreshälfte auf, denn er benötigt viel Wärme. Seine ursprüngliche Heimat ist Nordamerika, bis er die veganen Küchen von Berlin bis Stuttgart eroberte, hat es so seine Zeit gedauert. Es gibt Amarant-Kartoffelbratlinge, Amarant-Kekse,

Amarant-Kuchen, Paprika mit Amarant gefüllt, Soja-Joghurt mit Amarant und vegane Eintöpfe mit Amarant, Gerste und Linsen. Amarant sieht ganz anders aus als Getreide, wird aber so verwendet. Verwertet werden vor allem die glänzend schwarzen und scheibenförmigen Samen von knapp zwei Millimeter Breite. Beim Kochen entwickeln sie einen nussigen Geschmack. Junge Blätter und Sprosse passen wiederum zu Gemüse und Salaten. Aus getrockneten Blättern, vor der Blüte gepflückt, lässt sich ein heilsamer Tee zubereiten (1 EL auf 250 ml heißem Wasser acht Minuten ziehen lassen). Soll gegen Durchfall, Kopfschmerzen, Menstruationsbeschwerden und Schlafstörungen helfen. Amarant ist also auch ein Allround-Gesundmacher. Er ist auf dem Vormarsch, dennoch bislang weit unterschätzt: draußen sowie in den Köpfen der Leute. Das müsste man Landwirten zurufen, die im Kartoffel-, Wein- und Zuckerrübenanbau zu tun haben. Denn dort kommt es immer wieder zu Amarant-Orgien.

Am meisten boomt in Wettin und anderswo in Platten- und Pflasterritzen niederliegend der **Gewöhnliche Vogelknöterich** (*Polygonum arenastrum*) mit seinen winzig kleinen weißen Blüten. Er krallt sich geradezu in die Ritzen, denn er wurzelt bis zu 50 Zentimeter tief. Die jungen bissfesten Blätter und Stängel sind als Gemüse zu verwenden, sie schmecken kräftig-würzig und eignen sich zudem, um Gemüsequiche oder Kartoffelpüree mal anders zuzubereiten. Im Verhältnis zur Größe beziehungsweise eher Breite der Pflanze (bis zu 80 Zentimeter) machen ihre zwei bis drei Millimeter breiten Samen ordentlich was her. Diese kann man wie Getreide mahlen und dem Mehl hinzufügen. Eine traditionelle Heilpflanze war der Vogelknöterich ja nie, aber man machte in der Volksmedizin aus getrocknetem Kraut Tee, der Atemwegserkrankungen und – gegurgelt oder gespült – Mund- und Rachenraumentzündungen besänftigte. Äußerlich auch gut für Hautunreinheiten und Wundbehandlungen. Auch Spatzen sind der häufigen Art verfallen, sie fliegen im Spätsommer und Herbst auf sie an Bordsteinen, in Gossen und auf Platten. Das kann ich nun aber nicht abwarten, vor Einbruch der Dunkelheit gibt es noch ein «Lebensziel».

Leipzig-Stötteritz

das Völkerschlachtdenkmal

Aus dem Saaletal kommend, erreiche ich erst gegen 22 Uhr das Völkerschlachtdenkmal in Leipzig, es ist gerade von drei Seiten eingerüstet und beleuchtet wie ein Geisterhaus, wie eines der monumentalen Häuser in Fritz Langs expressionistischem Film *Metropolis*. Bei warmer Luft chillen Hunderte junger Leute auf den Treppen des Denkmals herum oder im umliegenden Park. Weil es so hell ist, kann ich ein Schild lesen, auf dem steht, dass das Denkmal eine Erinnerung an die Völkerschlacht bei Leipzig sei, bei der Napoleons Truppen eine Niederlage erteilt wurde. Zum einhundertsten Jahrestag des Sieges, 1913, habe man das Denkmal eingeweiht, zur Zweihundertjahrfeier wolle man es restauriert haben. 2013 wäre das gewesen, mithin vor drei Jahren. Schautafeln können ganz schön vollmundig sein. Der Verzug ist aber nicht so dramatisch wie beim Berliner Großflughafen oder der Hamburger Elbphilharmonie. Für einen Moment setze ich mich zu den jungen Leuten auf die Treppe, lasse den Blick über den Park mit Wasserbassin schweifen und kann es kaum fassen: Nahezu 80 Prozent der Leute schauen – glotzen wäre treffender – auf das Display ihres Handys. Bei der Menge wäre ein großes Gemurmel zu erwarten, aber es ist fast still. Alleine geht auch im Auto, dahin verkrieche ich mich für die Nacht.

Am nächsten Morgen bin ich um halb sieben wieder vor Ort. Alle Denkmalhocker sind verschwunden, einzig ein Betrunkener schläft mit dem Gesicht nach unten auf der Haupttreppe, wobei er laute Schnarchgeräusche von sich gibt. Ich habe reichlich Müll erwartet, doch es sieht aus, als wäre gestern Nacht kaum ein Mensch hier gewesen. Ich entferne mich von dem 91 Meter hohen, aus Beuchaer Granitporphyr gebauten «Völli», wie Leipziger dieses Mahnmal nennen, und widme mich dem davorliegenden Wasserbecken, dem «See der Tränen». Er soll jene Tränen symbolisieren, welche alle damals an der Schlacht beteiligten Völker um ihre verlorenen Soldaten weinten. Zwei Graureiher stehen am Schilf, die krächzen aber eher. Sie sind auf Fische geeicht, nicht auf Rainkohl und Wilde Möhre.

Die Anlage ist sehr pompös und etwas öde, ein bekanntes Gesicht ist da doch die **Gewöhnliche Schafgarbe** (*Achillea millefolium*). Ein duftendes Kraut mit zierlichen Blüten in öfter ausladenden Schirmen, mal in Weiß, selten auch in Rosa, das bis zu einem Meter hoch werden kann. Es wird auch Tausendblatt des Achilles genannt, denn laut griechischer Mythologie soll der nahezu unverwundbare Achilles es nach dem Trojanischen Krieg aufgelegt haben, um etwaige Blessuren zu heilen. Aus diesem Grund hielt sich auch der Name «Soldatenkraut», eingesetzt zur Blutstillung von Kampfwunden. Sein Geschmack ist, unabhängig vom angenehm aromatischen Duft, herb bis sehr scharf. Etwa muskatartig, dieser Geruch soll eigentlich ein Abfressen durch Weidetiere verhindern. Menschliche Feinschmecker sollten daher nur junge Blätter pflücken, um damit Dressings, Frischkäse, Soßen und Wurstsalat zu würzen. Frische wie auch getrocknete Schafgarbenblüten sind schöne Dekorationen auf Tellern, mit ihnen lassen sich aber auch selbst gemachte Kräuterliköre ansetzen. Und wer eine Kräuterlimonade mag: Einen Liter Wasser über Nacht mit in Scheiben geschnittenen Zitronen, etwas Zucker und frischen Schafgarbenblüten ziehen lassen. Die Schafgarbe ist zudem ein Gesundmacher, Aufguss aus Blättern, Blüten und Stängeln hilft gegurgelt gegen Mund- und Atemhöhlenentzündungen, angesetzter Tee bei Menstruations- und Verdauungsproblemen. Alle Teile sind krampflösender Badezusatz. Junge Frauen legten früher Schafgarben unter ihre Kopfkissen, so sollte ihnen ihr zukünftiger Mann im Traum erscheinen. Das sage mal einer der WhatsApp-Generation.

Die ganze Zeit ist mir schon ein Mittfünfziger aufgefallen, mit hageren Zügen und leicht ungepflegt, der hektisch die Treppen des Schlachtendenkmals rauf- und runterhastet und auch im Vorfeld offensichtlich etwas sucht. Er läuft mit freiem Oberkörper herum, ein Fahrrad mit Plastiktüten ist etwas abseits angelehnt. Er sucht offensichtlich nach leeren Flaschen, da haben aber wohl schon andere vor ihm ganze Arbeit geleistet. Einen Moment bekümmert mich das, dann aber fällt mein Blick auf Myriaden von **Wilder Möhre** (*Daucus carota*). Gesammelt werden nicht nur die schmalen, bräun-

lichen Wurzeln, sondern auch Blätter und Blüten. Reibt man an ihnen, verströmen sie sofort einen intensiven Möhrengeruch, ein todsicheres Unterscheidungsmerkmal zu vielen anderen weißen Doldenblütlern. Weiterhin erkennt man inmitten weiblicher Blüten manchmal eine männliche braunviolette Einzelblüte, daher der Name «Mohrrübe». Junge Blattstiele, Blätter, Blüten und weiche Triebe werden frisch oder erhitzt als Salat oder Gemüse verwendet (die Blüten auch eingelegt). Die Samen sind frisch oder getrocknet ein tolles Würzmittel und die Wurzeln ab Herbst ein absoluter Wiesengenuss. Wilde Möhre mit Huhn in Weißwein … lecker. Wilde Möhren haben viele stärkende Inhaltsstoffe wie Provitamin A, Vitamin B1 und B2. Tee aus Blättern und Blüten hilft bei Blasenleiden. Die Wilde Möhre ist nur zweijährig und stirbt nach der Blüte immer ab. Sie müssen sich also der verdickten, meist bräunlichen Pfahlwurzeln kurz vor der Blüte bemächtigen.

Überall in Leipzig, und auch hier, wächst ein sommergrüner Laubbaum, den wohl der hagere Mann von vorhin nicht im Blick hatte: die **Echte Walnuss** (*Juglans regia*), oft nicht groß, sondern mit viel Jungwuchs. Von den unpaarig gefiederten Blättern mit oft auffallend vergrößertem Endblatt sowie der Rinde geht ein typisch harziger Geruch aus. Die Heimat des Baums ist Asien. Griechen und Römer verehrten die Nüsse als Symbol der Fruchtbarkeit, sie sehen im Innern eher aus wie Gehirnhälften. Die Nuss ist eine Steinfrucht, mit leicht bitterem Geschmack und bis zu 60 Prozent Öl (sehr gutes und aromatisches Speiseöl!). Und was man nicht alles mit Walnüssen machen kann:

Walnussbrot, Walnusskuchen, Walnusslikör, Walnussmus etc. Man kann die Nüsse zerkleinern und ins Müsli geben, als Bestandteil von Waldorfsalat, zu Feldsalat mit Orangen und Nudelgerichten mit Gorgonzola und Sahne. Tee aus getrockneten (bitteren) Blättern wurde früher gegen Gicht gebrüht. Kompressen aus ihnen kurierten Hautleiden. Regelmäßiges Essen von Walnüssen soll Darm- und Magenschmerzen lindern, Nerven beruhigen und cholesterinsenkend wirken. Diese nährstoffreiche Steinfrucht schätze ich weniger, das muss erlaubt sein.

Schon immer hatte ich das Völkerschlachtdenkmal sehen wollen, nun habe ich es gesehen. Ich habe aber nicht das Gefühl, dass es mich unbedingt noch einmal hierherzieht. Auf dem Rückweg zum Auto registriere ich, dass der Hagere weitergezogen ist und der Schnarcher immer noch schnarcht. Zum Glück muss an diesem Ort aber heute niemand mehr Tränen vergießen.

Würzburg

mit Main und altem Hafen

Es ist mal wieder ein Freitag, der 19. August – Hochsommer im barocken Würzburg. Wochenlang hat es hier nicht geregnet, einfach unglaublich. Die Rasenflächen sind braun, Bäume verlieren Blätter, der Main führt wenig Wasser, die Menschen schwitzen vor sich hin. Ich stehe vor der tollen Alten Mainbrücke mit dem typischen Postkartenblick hinauf auf die Festung Marienberg. Diese Perspektive habe ich sogleich gefunden, so sah es schon in meinem Erdkundebuch Anfang der Siebzigerjahre aus. Die Brücke darf nur von Fußgängern und Radfahrern bevölkert werden, bevölkern können Sie sogar wörtlich nehmen, denn an jedem schönen Wochenende ist sie regelrecht besetzt. Sie ist ein Blickfang von 185 Metern Länge und 7,45 Metern Breite, eine Steinbogenbrücke, auf der zwölf Statuen von Heiligen und Königen Wache über das allgemeine Treiben halten, darunter der Frankenkönig Pippin und die Jungfrau Maria. Was die da wohl so untereinander austauschen? 1945 wurde die Alte Marienbrücke von deutschen Soldaten zum Teil gesprengt, 1950 wurde sie erneut aufgebaut, seit 1990 ist sie für Autos gesperrt.

Um Würzburg, 704 als Castello Virteburch gegründet, gibt es viele extrem artenarme Weinberghänge, ein Rundblick genügt, um diese Trostlosigkeit zu erkennen. Im naturnäheren Main allerdings schwimmt allerhand, ich meine jetzt aber nicht Fische oder Krebse, sondern neben den Schiffen der «Weißen Flotte» noch Ähriges Tausendblatt, Gelbe Teichrose, Gewöhnliches Pfeilkraut, Einfacher Igelkolben und Schwimmendes Laichkraut. Die schmecken aber nicht, man kommt auch schlecht ran. Also einfach nur ansehen.

An diesem brütend heißen Tag findet ein großes Volksfest statt, die Alte Mainbrücke ist mal wieder fest in Menschenhand und -fuß. Wohin ich auch schaue, drängen sich Kirchtürme in mein Gesichtsfeld, fast schon zu viele, doch die weißen Schiffe, die Mengen an Studenten (fast 40 000!) und ihre Kneipen helfen, dass Würzburg nicht ganz so bedeutungsschwanger daherkommt. Hier entdeckte Wilhelm Conrad Röntgen seine X-Strahlen, das war 1895, damals lehrte er an der Universität Würzburg Physik, wechselte aber ein Jahr vor seinem Nobelpreis nach München. Eine breite Straße ist nach ihm benannt. Würzburg ist auch die Heimat von Basketballstar Dirk Nowitzki, der gefühlt schon seit dreißig Jahren bei den Dallas Mavericks unter Vertrag steht. Er muss aber Heimatgefühle hegen, denn wann immer er Zeit hat, besucht er Würzburg, diese Stadt findet er «saugeil». «DN» muss hier ständig Autogramme schreiben, hier begann seine Karriere und hier fand kürzlich sein Abschiedsspiel statt. Von hier hat er auch seinen Manager, auch ihn bis heute, das ist Gradlinigkeit und Treue.

Ich komme nördlich des Mains voran, es geht in Richtung altem Mainhafen. Häufig in der Südhälfte von Deutschland ist das bis ein Meter hohe **Echte Eisenkraut** (*Verbena officinalis*) etabliert. Eine derbe, graugrüne, sehr schlanke bis buschige Erscheinung mit einer Vielzahl von kerzenartigen Blütenständen. Es blühen aber jeweils nur zwei bis sieben kleine Blüten am Stück, später strecken sich die Blütenstände und weisen dann fast kurios erscheinende Spitzchen in Hellviolett auf. Der Name Eisenkraut rührt von seiner früheren Verwendung her – als Zusatz bei der Eisenverhüttung, seine innewohnenden Kohlenstoffe wurden zur Härtung verwendet. Recht bitter schmeckende Blätter kann man bis Juni / Juli nach dem Blanchieren in Eintöpfe und zu Suppen geben. Eisenkraut ist aber kein gebräuchliches Gewürzmittel, seit alters her ist es eine Heilpflanze. Schon Dioskurides, jener berühmte römische Arzt, hat es im 1. Jahrhundert beschrieben. In späteren Kräuterbüchern wurde Eisenkraut sowohl für innere als auch äußere Beschwerden empfohlen, bei Blasenschwäche, Erkältungen, Fieber oder Schlangenbissen. Bei Hautunreinheiten und Mundfäule bereitete man einen Aufguss aus Eisenkraut zu. Neben Tee wurde es als Weinauszug verwendet, im Mittelalter gar als Zaubermittel benutzt, um «böse Geister» zu vertreiben. Heute kann man überall Eisenkrauttee kaufen, er enthält aber nicht das Echte Eisenkraut, sondern Zitronenverbene, die, wie der Name schon suggeriert, zitronig duftet.

Kaum halb so hoch wie Echtes Eisenkraut wird der **Gewöhnliche Hornklee** (*Lotus corniculatus*), eine reizvolle Wildpflanze mit gelben, duftenden Blüten von Mai bis September. Hornklee

schmeckt sehr intensiv, aber nicht bitter. Dennoch sollte man nicht gleich mehrere Hände voll davon, frisch oder getrocknet, in Eintöpfe oder Gemüsegerichte streuen. Seine Blüten sind hübsche essbare Deko, zu bedenken ist aber, dass der Hornklee eine wichtige Pollenpflanze für rund sechzig Bienenarten ist. Das Weidevieh liebt Hornklee ebenfalls, da gibt es also viele Mitstreiter. Hornklee heilt, hauptsächlich nutzt man die Blüten für Tee (einen Teelöffel Blüten mit einer Tasse heißem Wasser aufgießen, rund zehn Minuten ziehen lassen), dieser hilft bei verschiedenen Krämpfen, Schlafstörungen und innerer Unruhe. Inhaltsstoffe wie Flavonoide und Nitrisoide sorgen für Entspannung.

Ein besonderer Gesteins- und Straßensaumbewohner ist der **Wermut** (*Artemisia absinthium*), eine silbrige Eminenz mit im Hochsommer goldgelben kleinen Blütenkörbchen. Das sieht dann sehr kontrastreich inmitten sonst oft ausgedörrter Vegetation aus. Der Wermut verträgt eine Menge, denn im Rhein-Main-Gebiet wächst er oft zu Tausenden auch auf Autobahnmittelstreifen, kann also sogar Streusalz ab. Er wird 50 bis 120 Zentimeter groß und fällt durch seine straff aufrechten, silbrig leuchtenden Sprosse auf. Den Wermut kennen viele, diesen berühmt-berüchtigten Absinth, wenn nicht aus eigener Erfahrung, so doch vom Hörensagen. In Frankreich etablierte sich um 1860 ein Ritual, die sogenannte Grüne Stunde zwischen 17 und 19 Uhr, in dieser Zeit trank man Absinth. Nicht zuletzt Frauen durften ihn süffeln, das war gesellschaftlich gerade noch erlaubt. Der Maler Edgar Degas hat auf seinem Bild «Wermut-Trinker» den verlorenen und hoffnungslosen Blick einer Frau festgehalten, die vor sich auf dem marmornen Bistrotisch ein Glas von dem Getränk stehen hat. Gefährlich ist das Zeug deshalb, weil Absinth den giftigen Stoff Thujon enthält, der bei einem Zuviel psychoaktiv und suchtauslösend wirkt und am Ende zu einem körperlichen und seelischen Verfall führt. So soll sich Vincent van Gogh unter Einfluss von Absinth einen Teil seines Ohres abgeschnitten haben. Seit 1921 ist reiner Absinthschnaps in Deutschland verboten, man sah durch ihn die Wehrfähigkeit junger Männer beeinträchtigt. Zugleich wollte man damit weiteren Missbrauch eindämmen, er war auch Abtreibungsmittel.

Ich dagegen habe eine bessere Verwendung für den Wermut gefunden, mit dem Kraut drapiere ich meinen Beifahrersitz, er ist ein prima Luftverbesserer nach langen Tagen ohne Hemden- und Sockenwechsel ... Was letztlich besagt: Wermut ist nicht unbedingt ein klassisches Würzkraut. Auch deshalb, weil er, selbst in kleinen Mengen genossen, doch recht eigenwillig schmeckt, fast streng. Wer ihn mag, sollte ihn zu fetten Speisen, zu Schweinebraten oder knusprig gebratener Gans nutzen. In bestimmten Anteilen macht sich Wermut gut in Kräuterweinen oder Noilly Prat. Schon Hildegard von Bingen wusste, dass man Wermut unbedingt zu Wein verarbeiten sollte, der Leber- und Nierenbeschwerden lindert. Auf jeden Fall befördern seine Bitterstoffe die Magensaft- und Speichelsekretion.

Eine sehr häufige Pflanze hier in Würzburg und anderswo ist der **Gewöhnliche Beifuß** (*Artemisia vulgaris*) – nach der silbrigen Eminenz Wermut folgt also gleich die graue Eminenz Beifuß. Er will deutlich höher hinaus als der Wermut, der Beifuß bringt es auf bis zu zwei Meter und blüht von Juli bis Oktober. Ein Exemplar dieser Art produziert bis zu 700 000 Samen, entsprechend erfolgreich führt sie Regie auf meist trockenen, eher nährstoffreichen Böden. Der Beifuß, wegen seiner Nähe zu Siedlungen war er immer «bei Fuß», riecht gerieben sehr scharf. Deshalb wurde er früher büschelweise aufgehängt oder unters Kopfkissen gelegt, um Bettwanzen, Kopfläuse und sonstige ungebetene Mitbewohner zu vertreiben.

Beifuß ist bitter wie Wermut, was bei ihm aber nicht dazu führte, dass man ihn aus Küchen verbannte. Es sollte bei seiner Verwendung jedoch recht fettreich zugehen, passt frisch oder getrocknet prima zu Aal, Eierspeisen, Kartoffelsalat, Eisbein oder Schweinefleisch, Enten- oder Gänsebraten. In der Antike und im Mittelalter wurde der Beifuß bei Geburtskomplikationen und Harnleiden empfohlen. Im 19. Jahrhundert setzte man ihn bei der Behandlung von Epilepsie ein, wobei eine entsprechende positive Wirkung sich nie wissenschaftlich belegen ließ, schon gar nicht im Nachhinein! Hingegen erwiesen ist, dass die Substanz Artemisinin, die aus den Blättern und Blüten des Beifußes gewonnen wird, bei der Malaria-Therapie erfolgreich ist. Auf jeden Fall kann man für den Hausgebrauch einen Tee aus Blättern und Blüten aufbrühen, um Verdauungsleiden zu lindern. Ähnliche Verwendung finden beifußhaltige Magenbitter.

Die alte Residenzstadt Würzburg mit ihren fast 125 000 Einwohnern ist immer eine Reise wert. Ich selbst aber muss wieder los, zwei Pflanzenexkursionen in Westfalen sind an diesem Wochenende noch zu bestreiten. Dort werde ich aber für Sie nicht «wild einkaufen» gehen, drei Stationen in der Region sind genug – zum Schluss geht es noch mal in den krautigen, den «wilden Osten»!

Erfurt

mit Dom, Güterbahnhof, Krämerbrücke und Weinberg

In Erfurt, mit 210 000 Einwohnern Thüringens Hauptstadt, bin ich schon dreimal gewesen, an diesem 23. September ist es das vierte Mal. Im Sommer 1988, also noch vor der Wende, besuchte ich erstmalig die Stadt im Zuge des kleinen Grenzverkehrs. Erfurt war zu DDR-Zeiten schon die Hauptstadt der Blumen und der Gärtner, deshalb war ich aber nicht dort. Ich war auf Einladung eingereist, und in dieser Zeit wollte ein Freund der Familie aus dem kleinen, Ihnen schon bekannten Ort Hüpstedt im Eichsfeld in Erfurt drei Ersatzteile für seinen Trabbi kaufen. Die fand er jedoch nirgends, dafür aber vier andere, die er erwarb, um sie gegen die eintauschen zu können, die er benötigte ... Das sei eine sehr erfolgreiche Fahrt gewesen, vermittelte er mir glaubhaft auf dem Rückweg. Ich beobachtete damals eine gähnende Leere bei jedem Schlachter oder in Textilgeschäften. Die Krämerbrücke, die nördlichste bewohnte Flussbrücke in Europa (zu beiden Seiten hat sie Fachwerkhäuser), war schon zu der Zeit schön hergerichtet. Guckte man aber gleich nach ihrem Überqueren in Hinterhöfe, packte einen das große Grauen, der programmierte Verfall war nicht zu übersehen. Angeschaut habe ich mir weiterhin den Domberg mit der römisch-katholischen Severikirche, hier gab es noch Guten Heinrich und viel Gewöhnliches Glaskraut, also traditionelle Dorf- und Stadtpflanzen, die heute leider längst verschwunden sind. Auch den penetrant nach Heringslake riechenden Stink-Gänsefuß entdeckte ich in Erfurt, übrigens zum allerersten Mal, eine tolle Art der Hundehinterlassenschaften.

Zum zweiten Mal kam ich im Jahr 2013 in die Landeshauptstadt, Anlass waren die Erfurter Herbstlesetage. Eingeladen hatte mich die Buchhandlung Hugendubel, mir gefiel der skurrile Name, weshalb ich sofort bereit war, dort zu lesen. Von lesen konnte eigentlich keine Rede sein, denn darin bin ich nicht besonders gut, aber ich habe den rund 170 Menschen, die sich auf den vielen Stühlen vor mir niedergelassen hatten, eine Menge erzählt, auch über meine mitgebrachten Schätze von Erfurts Straßenrändern, von den Ufern der Gera, vom Juri-Gagarin-Ring, vom Güterbahnhof und vom imposanten Weinberg (hier blühte noch der Wiesen-Salbei). Es konnte nicht so schlecht gewesen sein, denn bis fast Mitternacht durfte ich danach noch Bücher signieren.

2015 führte es mich erneut nach Erfurt, Anlass war eine Exkursion. Wir trafen uns vor «Willys Fenster» gegenüber dem Hauptbahnhof und vor dem Erfurter Hof, hier zeigte sich 1970 der damalige Bundeskanzler Willy Brandt kurz der Bevölkerung – es war der Beginn einer neuen Ostpolitik der SPD-FDP-Regierung, Brandt wurde mit «Willy-Willy»-Sprechchören gefeiert. Ich sah den Kanzler erst zwei Jahre später, eingekesselt von 30 000 Leuten, die fast alle mit dem Button «Willy wählen» herumliefen. Ich auch, damals erst zwölf, da hielt er eine Rede vor dem Bielefelder Rathaus. Von solchen Jubelzeiten ist die SPD heute meilenweit entfernt, und sie werden sicher auch nie wieder kommen.

Erfurter werden auch «Puffbohnen» genannt, denn vor allem im Mittelalter war die hier in der Umgebung angebaute Speckbohne wichtiges Nahrungsmittel. Und natürlich ist Erfurt auch Sportstadt, wieder dominiert hier der RWE. Diesmal allerdings nicht Rot-Weiß Essen, sondern Rot-Weiß Erfurt, dieser Fußballverein ist aber genauso stark verwurzelt in der Region wie der Essener (und auch älter: Rot-Weiß Erfurt wurde 1895 gegründet, Rot-Weiß Essen 1907). Das schönste Tor, das ich je sah, schoss auch ein Erfurter, 2015 passierte das in Dresden, es war das Tor des Jahres durch den Drittliga-Stürmer Carsten Kammlott. Der Thüringer mit der Trikotnummer 27 war umringt von drei Gegenspielern, was ihn nicht störte. Er sprang ab wie bei einem Vorwärtssalto und kickte den weit von rechts heranfliegenden Ball mit dem linken Hacken genau in den rechten oberen Torwinkel. 1:1, Dynamo Dresden führte nicht mehr, Torwart Janis Blaswich guckte ganz verdattert. Das hatte mich gefreut, dass nicht immer nur die schwerreichen Superstars die Tore des Jahres erzielen.

Nun zieht mich aber das Grüne von Erfurt an. In vielen Städten und Dörfern, aber auch an Äckern und in Weinbergen lässt sich der **Steife Sauerklee** (*Oxalis stricta*) aufgabeln, so auch hier. Die bis 30 Zentimeter hoch wachsende, herrlich hellgelb blühende Pflanze mit oft knallroten Stängeln kann man komplett verfrühstücken: Blätter, Blüten, junge Fruchtstände – alles schmeckt erfrischend sauer. Aber bitte nicht zu viel davon verdrücken, da der Klee Oxalsäure enthält (siehe dazu den Gehörnten Sauerklee, S. 172). Die Pflanze stammt aus Nordamerika und ist über Südeuropa zu uns

gelangt. Schon die Indianer kannten sie als Färbe-, Heil- und Nahrungspflanze. In Gärten, unter Hecken und in Rabatten kann das saure Kraut auch lästig werden, denn die weißen, ganz gemein erst nach unten und dann zur Seite verlaufenden Rhizome erwischt man nie komplett. Sei es drum, über diese Pflanze freue ich mich immer und stopfe mir bei jeder sich bietenden Gelegenheit ein paar frische Strünke in den Mund.

Massenhaft trumpft im Grünland, auch an Gräben und Straßen der bis 50 Zentimeter hohe **Herbst-Löwenzahn** (*Leontodon autumnalis*) auf. Viele halten ihn für einen der vielen Löwenzähne, aber die sind doch schon längst verblüht! Der Herbst-Löwenzahn hat auch keinen Milchsaft, die durchaus variablen Blätter sind oft viel schmaler als die der anderen Löwenzähne, von fast ganzrandig über buchtig gezähnt bis lang und schmal gezipfelt. Die ausdauernde Art mit meist vielen Blüten je Pflanze hat auch kleinere, immer braungraue Pusteblumen und nicht diese schneeweißen Bällchen der Gewöhnlichen Löwenzähne. Suchen muss man den Herbst-Lö-

wenzahn an besonnten, nährstoffreichen, nie zu trockenen Stellen, er mag es eher abgemäht als betreten und abgefressen.

Verwendet werden junge Blätter, Knospen und Blüten. Die Bitterstoffe der Blätter entzieht man durch vorheriges Einweichen in lauwarmem Wasser etwa zwei Stunden lang, danach gibt man ihn grob oder klein gehackt in Buletten, Gemüsepfannen, Quarkspeisen und Suppen oder auf Käse. Mild schmeckende Blüten und Knospen können wie Kapern zubereitet werden. Getrocknete und dann klein gehackte Wurzeln ergeben einen «Kaffee in der Not», ähnlich dem Zichorienkaffee der Weg-Warte (siehe S. 118). Beide Arten, Weg-Warte und Herbst-Löwenzahn, gehören der Familie der Korbblütler an und wachsen auch oft an gleichen Stellen, sie sind also Geschwister nicht nur im Geiste.

Alte Städte wie Erfurt mit sandigen-steinigen Häuserbrachen, ausgedehnten Bahnanlagen, Lagerplätzen und Industriegelände sind auch immer Refugien von Nachtkerzen, eine der häufigsten ist die **Gewöhnliche Nachtkerze** (*Oenothera biennis*). Insgesamt gibt es in Deutschland über 70 Arten der vor allem in Nordamerika heimischen Gattung. Diese 0,5 bis fast zwei Meter hohe, raketenhafte Pflanze gelangte 1620 als Zierpflanze zu uns. Man kann sie schon von weitem sehen, vor allem morgens und abends an den dann besonders weit geöffneten Blüten. Bei langer Trockenheit macht aber auch die an sich nicht zimperliche Nachtkerze schlapp, und die Blüten welken rasch. Blätter, Blüten, junge Stängel, Samen und Wurzeln der stets zweijährigen Art (sie muss sich also immer wieder aus einer neuen Blattrosette emporschwingen) sind als Gemüse und Salat essbar. Die Wurzeln verfärben sich beim Kochen rot, was der Pflanze den Namen «Schinkenwurz» einbrachte. Der Grundgeschmack ähnelt dem von Mangold.

Vor allem im 18. und 19. Jahrhundert wurden Nachtkerzen in sommertrockenen Gebieten angebaut, etwa in Rheinhessen, Sachsen und Thüringen, allein der Heilung wegen. Ein Flüssigextrakt wirkt innerlich gegen Krämpfe und ist blutreinigend, eingedickter Blatt- und Blütensaft lindert Asthma, Keuchhusten und Magen-Darm-Probleme. Nachtkerzenöl aus den vielen Samen wird zunehmend bekannt, sogar in der Tiermedizin, es hilft innerlich und äußerlich bei Arthritis, Bluthochdruck, Hautkrankheiten (Neurodermitis, Pickel), Leberleiden und senkt den Cholesterinspiegel. Habe ich alles nicht, und das ist doch noch viel besser!

Im Bereich der Gera, vereinzelt an Stadtgräben sowie um das Kastell herum und am Weinberg trifft man auf die bis 90 Zentimeter hohe und gelb von Juni bis August blühende **Wiesen-Platterbse** (*Lathyrus pratensis*). Sie liebt Feuchtigkeit, Licht und Nährstoffe, zudem Lehm und ab und zu auch eine Mahd. (Vieh-)Tritt und übermäßige Düngergaben sind ihr dagegen ein Graus. Das klimmende Gewächs ist unsere häufigste Platterbse und sollte nur gekocht oder gedünstet wie Spinat verspeist werden – die Blätter und Sprosse schmecken tatsächlich nach Erbsen. Auch noch unreife Samen sind nützlich, ausgereift und dann gemahlen lässt sich das Mehl, mit Weizenmehl vermischt, zu Keksen und Klopsen verarbeiten. Ich lasse diese Art immer weiterwachsen und erfreue mich lieber zusammen mit den Bienen und Hummeln an den traubenartigen Blütenständen.

Wo Nachtkerzen vegetieren, da sind Königskerzen nicht weit. Königskerzen sind viel schlanker als Nachtkerzen, werden bis zwei Meter hoch und weisen oft nur einen einzigen, wie ein Stab oder Schaufelstiel aussehenden Trieb auf. Das gilt auch für die **Kleinblütige Königskerze** (*Verbascum thapsus*), die es vor allem auf Bahn- und Brachgelände, auf krautreiche Sandgruben, Industriegebiete und Grabenränder abgesehen hat. Sie ist wie fast alle anderen Königskerzen zweijährig, nach der Blüte ist stets auch ihr Ende gekommen. Bei dieser Art verlaufen die Blätter noch weit am Stängel herab bis zum nächsten Blatt, die Blüten sind mit bis zu drei Zentimetern Durchmesser relativ klein. Zudem ist die Pflanze stark wollig behaart, das schützt sie vor Austrocknung, Hitze und Tierfraß. Wir wollen sie auch nicht verköstigen, sie soll uns heilen. Junge Blätter ergeben frisch oder getrocknet einen Tee zur Beruhigung und Schlafförderung, er wirkt gegen Erkältung und Husten. Blätter und noch mehr die Blüten schmecken nach Äpfeln, wobei getrocknete Blüten antibakteriell, harntreibend und entzündungshemmend sind. Die Indianer Nordamerikas rauchten sogar Königskerzen gegen Atemwegsleiden. Hat das wirklich geholfen? Auch zum Färben eignet sich diese Pflanze, sie ergibt einen gelb-grünen bis braunen Farbton. Hätte ich mich nicht mit dem Kräuterthema näher beschäftigt, mir wäre dieses Wissen womöglich zeitlebens verborgen geblieben.

Ein echter Dauerbrenner unserer Wildflora ist die bis 30 Zentimeter hohe **Kleine Braunelle** (*Prunella vulgaris*), die von Juni bis Oktober auch noch das Auge erfreut, mit blauen und nicht braunen Blüten. Man muss nur im Grünland, in und an Rasenflächen, an Straßen und Wegen, auf Waldwegen oder am Fuß von Mauern suchen. Diese alte Salat- und Würzpflanze besitzt einen ganzen Haufen an volkstümlichen Bezeichnungen, hier eine Auswahl: St. Antonikraut, Brunellen, Brünikraut (Schweiz), Brunwurtz, Gaheyl (niederdeutsch), Gauchheil und Gottheil (Schlesien), Gunzel, Halskraut, Mundfäulkraut, Selbstheil und Veiteln (Tirol). Unerreicht mal wieder die Ostfriesen mit Oogenprökel und Prickelnösn. Da muss ich jetzt auch gar nicht mehr viele Worte über ihre Einsatzorte verlieren. Im Mittelalter schon gegen die Diphtherie (Hals-

bräune) hilfreich, später gegen Bluthochdruck und Angina, und in jüngster Zeit wird dieser Pflanze zudem Wirksamkeit gegen Herpes nachgesagt. Auch in Asien ist der hübsche Lippenblütler als Heilpflanze bekannt. Seine Rosmarinsäure wird in der Kosmetikindustrie genutzt.

Enden soll die Tour mit einem unscheinbaren Gewächs, einem Nachtschattengewächs. Was, jetzt noch ein Nachtschattengewächs!? Will ich Sie zum Schluss etwa vergiften? Keineswegs! Sicher, ich fand die Art bisher auch noch in keinem Kräuterbuch, und alle anderen, wild wachsenden Nachtschattengewächse, zumindest die, die ich sonst so kenne, sind tatsächlich (hoch)giftig. Das sind einige: Blasenkirsche, Giftbeere, Stechapfel, Tollkirsche, Schwarzes Bilsenkraut – allein die Namen schrecken schon ab. Die schwarzen, ungefähr erbsengroßen Früchte vom **Schwarzen Nachtschatten** (*Solanum nigrum*) sind aber total lecker, süß und saftig. Ab Ende August kann man sie ohne besondere Verwertungsmaßnahmen futtern (ich mache das nur so), man kann sie auch sammeln und Kompott, Marmelade und Saft fabrizieren.

Die kleinen weißen Blüten mit den goldgelben Staubgefäßen fallen an der 10 bis 100 Zentimeter hohen Pflanze am ehesten auf. Die schwarzen, matten Beeren, meist zu dritt bis zu siebt, halten sich bis zum ersten Frost. Aber aufgepasst, da, wo der

Schwarze Nachtschatten wächst, an nährstoffreichen und wüsten, nie zu trockenen Stellen, da könnte auch mal ein Hund sein Bein gehoben oder gar ein Zweibeiner sein Geschäft verrichtet haben. Ungeputzt knirscht es ab und zu an den Zähnen, das ist dann Sand durch aufschlagende Regentropfen. In Teilen Russlands und in Westasien wird diese Pflanze sogar angebaut, da versteht man sich darauf, was man in der Natur essen kann. Das weiß ich von meinem ehemaligen Gärtnerkollegen, der aus Krasnodar stammte. Kyrill hieß der, genau wie der Orkan gleichen Namens, der im Januar 2007 über uns hinwegfegte.

Auch wenn ich keine Stürme mag, so mag ich doch den Wind. Mal sehen, wohin er mich federnd und federleicht, jetzt auch noch auf natürliche Weise so gestärkt, demnächst bringen wird: in welche Gegend, zu welchem Thema, zu anderen Arten, neuen Ideen und weiteren Missionen …

Acht Rezepte

Des Extrembotanikers extreme Stullen für extreme Expeditionen

Zutaten: ein 1000-Gramm-Brot mit knackiger Kruste (Doppelbackbrot, Kastenbrot, Kürbiskernbrot), 250 g «gute Butter», 250 g Salami, 250 g Tilsiter, Kräuter aus der Landschaft (Giersch, Knoblauchsrauke, Kohl-Gänsedistel, Löwenzahn, Vogelmiere, Weiße Taubnessel, Wiesen-Schaumkraut etc.)

Zubereitung: Brot in mittelfingerbreite Scheiben schneiden, dick Butter, Käse oder Wurst drauf, dann dick Grünzeug drauf und zuklappen. Auf geht's. Schmeckt frisch beziehungsweise nach wenigen Stunden Fahrt am besten, aber auch noch nach drei bis vier Tagen. Wenn man so richtig Kohldampf hat (im wahrsten Sinne des Wortes) und wenn es noch nicht zu heiß ist für einfache Bütterken.

Nordbremer Kräuterbuletten – sogar mit Mengenlehre

Zutaten: 1000 g Gehacktes halb und halb, zwei Eigelb, zwei altbackene Brötchen in Milch aufgeweicht, Butter, Pfeffer, Salz, zwölf Wildkräuter (Bär-Lauch, Barbarakraut, Behaartes Schaumkraut, Brunnenkresse, Echtes Mädesüß, Giersch, Gundermann, Knoblauchsrauke, Kohl-Gänsedistel, Löwenzahn, Weinberg-Lauch, Wiesen-Sauerampfer). Achtung: Keine Zwiebeln, damit der Geschmack der Kräuter authentisch bleibt.

Zubereitung: Mit den Zutaten – außer den Kräutern – 30 Buletten grob vorformen und diese mit Salz und Pfeffer würzen. Falls der Fleischteig zu weich ist, mit Paniermehl «trocknen». Die zwölf Kräuter jeweils getrennt klein hacken. Jetzt verteile ich wie folgt: Sechs Kräuterarten jeweils in drei Klopse einarbeiten sowie die übrigen sechs Kräuter jeweils in zwei Bremsklötze reinkneten – macht doch 30! Alle Klopse in reichlich Butter etwa zehn Minuten anbraten. Aber schön dunkel, dann schmecken sie (mir) am besten.

Übrigens: Ich war mit dem Klopsebraten freitags um 16 Uhr fertig und am Samstagabend um 19 Uhr waren alle 30 bereits verputzt! Wie viele habe ich davon wohl pro Stunde gegessen, wenn ich dazwischen noch sieben Stunden geschlafen habe? Zusatzaufgabe: Und wie lange hatte ich vorher wohl gehungert? Noch weitere Infos zu diesem Rezept unter der Station Wismar (S. 103).

Jürgens Giersch-Feta-Teigtaschen
(hier mal Giersch zum Abfeiern)

Zutaten: eine Rolle Blätterteig aus dem Kühlregal (ca. 300 g), 200 g Gierschblätter, eine Zwiebel, 150 g durchwachsenen Speck, 1 Ei, 50 g Schafskäse, Paprika, Pfeffer, Salz

Zubereitung: Zerkleinerte Zwiebel und gewürfelten Speck in einer tiefen Pfanne anbraten, gehackten Giersch (Blätter und junge Stiele) dazugeben und zusammenfallen lassen. Dann das Ei und den Schafskäse mit einer Gabel zerdrücken und vermengen, mit den Gewürzen abschmecken und in der abgekühlten Gierschmasse untermischen. Das Gemisch in eine große oder in mehrere kleine Blätterteigtaschen einrollen und bei 200 Grad im Ofen 15 bis 20 Minuten backen. Drei Tipps: Teigtaschen vor dem Backen mit

Eigelb bestreichen (werden so knusprig-braun), Backpapier benutzen und den Giersch stets abseits von Hundeurinzonen sammeln.

Waltrauds Wiesbadener Wegekräuter-Tomatensalat

Zutaten: 10 Tomaten, 30 Blätter Spitz-Wegerich, 10 schöne Sprosse vom Kleinblütigen Franzosenkraut, 10 Sprosse Schmalblättriger Doppelsame («Wilder Rucola»), 10 Sprosse Weißer Gänsefuß, Speiseöl, Pfeffer, Salz

Zubereitung: Tomaten waschen und in halbierte Scheiben schneiden. Spitz-Wegerich gründlich waschen und auf Fingernagelgröße klein schneiden, Blätter und junge Sprosse der übrigen Kräuter mit frischen Blüten entnehmen und ebenfalls zerkleinern. Alles in eine Schüssel geben und mit Salz, Pfeffer sowie Öl aufwerten. Kein Essig und keine Zwiebeln verwenden, da sonst kulinarisch wertlos. Am besten vor dem Verzehr einen Tag im Kühlschrank ziehen lassen. Achtung: Kann man sogar noch im November zubereiten und, falls immer noch kein Frost, sogar noch bis Weihnachten – also sogar: Waltrauds Wiesbadener Wegekräuter-Weihnachtstomatensalat!

Hulsberger Bär-Lauch-Wurstpfanne

Zutaten: 1 Aubergine, 400 g Zucchini, etwas Porree, 50 g Bär-Lauch (Blätter und Blüten), 3 Krakauer Würste, Curry, Margarine, Pfeffer, Salz, Senf

Zubereitung: Aubergine, Porree und Zucchini gewürfelt in Margarine anbraten. Mit einem Viertelliter Gemüsebrühe übergießen.

Dann die in Scheiben geschnittene Krakauer mit dem zerteilten Bär-Lauch und den Gewürzen etwa 30 Minuten schmurgeln lassen. Alternative für Eilige, Hastige, Ungeduldige und andere Extremfälle: In drei Tassen Gemüsebrühe einfach jeweils zwei bis drei gehackte Bär-Lauch-Blätter geben. So mache ich das eigentlich nur …

Steffis Bär-Lauch-Kürbiscremesuppe (vegetarisch)

Zutaten: ein Hokkaidokürbis (1 kg), 6 Kartoffeln («Rote Laura»), ½ Stange Porree, Crème fraîche (Steffi nennt das: «Immer schön Schmotze muss da ran!»), Bratfett, Chiliflocken, Gemüsebrühe, gemahlener schwarzer Pfeffer, Crema di Balsamico, 80 g Bär-Lauch (Blätter und Blüten)

Zubereitung: Alle groben Teile in kleine Würfel schneiden. Kürbis entkernen, aber Schale dranlassen. Zunächst den Porree kurz in Margarine anbraten. Kartoffeln und Kürbis hinzufügen und mit gut einem Liter Gemüsebrühe 30 Minuten weich kochen. Dann alles pürieren. Mit Gewürzen und Crème fraîche abschmecken, zum Schluss noch den geschnittenen Bär-Lauch aufstreuen und mit einem Schuss Balsamico aufwerten.

Jetzt noch mein Dosenfutter, wenn nach einem langen Tag draußen die Fotoaufbereitung oder die Herbarmaterialsichtung mal wieder wichtiger ist als die Ernährung! Dann hilft nur eins:

Feders fixe Weinberg-Lauch-Linsensuppe

Zutaten: 2 Dosen deftigen Linseneintopf, 4 Wiener Würstchen, 200 g Dosen-Kichererbsen, 50 g frischen Weinberg-Lauch, Crème fraîche, Tomatenmark

Zubereitung: Würstchen in Scheiben und Weinberg-Lauch in lauchübliche Stückchen schneiden, alles zusammen heiß machen und nur noch mit Crème fraîche sowie Tomatenmark veredeln. Schon fertig!

Botanicus' Beeren-Quarkspeise

Zutaten: 500 g Speisequark (40 % Fett in Tr.), 100 g Rote Johannisbeeren, 100 g Schwarze Johannisbeeren, 100 g Haferflocken (unbedingt «kernige»), streichfähiger Bienenhonig. Im Winter sind Beeren natürlich auch als Tiefkühlkost erlaubt (gerade auch für mich).

Zubereitung: Quark und gründlich gewaschene Beeren in eine Schüssel geben, die Beeren mit einem Löffel oder einem Stampfer zerdrücken. Bloß kein Mixer, Lärm in der Küche vertreibt Katze und gute Laune! Die Haferflocken hinzugeben, damit als Struktur fürs Ganze die Zähne noch was zu beißen haben. Dann je nach Anti- oder Sympathie fürs Saure noch mit Honig einsüßen – und raten Sie jetzt mal, was ich dann immer mache …

Dank

A n erster Stelle möchte ich meiner Lektorin Regina Carstensen (München) danken, die mich wieder mehrfach begleitet hat. Sie hat sich auch, ob sie wollte oder nicht, allerlei Grünzeugs in den Mund geschoben, und, das rechne ich ihr hoch an, dies immer, ohne es vorher abzuwaschen!

Vom Rowohlt Verlag (Reinbek) danke ich wieder Frau Frank und Frau Laugwitz. Zudem Frau Gallwitz für die redaktionelle Arbeit.

Das Titelbild hat erneut Thorsten Wulf (Lübeck) gemacht.

Von Miramedia (Hamburg) haben Claudia Bontjes van Beek, Swantje Fehling und Lukas Hinsch die Massen an Bildern begutachtet und verbessert. Sven Hartung hat immer den Überblick behalten und jederzeit aufs Gaspedal gedrückt, damit das Buch dann auch mit der Reife der letzten Früchte fertiggestellt war.

Meine Freundin Steffi (Bremen) hat mir natürlich bei den Rezepten geholfen, alles tapfer mitgegessen und auch sonst manch guten Einfall gehabt. Sie war es, die mir beibrachte, wie man Worte wie Feta, Gourmet oder Zucchini überhaupt richtig schreibt. Dafür konnte ich ihr auf Anhieb sagen, wo denn nun Bensheim, Lebus, Rheinstetten, Winsen / Aller und Hokkaido liegen!

Diesmal darf ich auch wieder meinen Eltern Jytte und Heinz Feder (Bielefeld) danken. Von ihnen habe ich nämlich die dringend notwendige Freude am Essen und Trinken sowie die stete Gabe des Genusses. Und das von Anfang an und bei noch drei ständig bettelnd-drängelnden Geschwistern. Und auch mein, trotz allem, nun schon seit dem achtzehnten Lebensjahr stets gleiches Idealgewicht von knapp 80 Kilogramm muss ich doch von ihnen haben. Fast legendär sind die Ausflüge als Kinder in den Teutoburger Wald zu den Heidelbeeren oder die langen Radtouren in ganz Ostwestfalen – stets mit zünftigem Picknick. So haben sich also bei mir nicht nur diese Heidelbeeren abgefärbt ...

Pflanzenregister

(in Klammern stehen jeweils die verwendbaren Pflanzenteile)

Sachregister

Gesundheit

Abszess: Gundermann

antibakteriell: Echte Nelkenwurz, Heidelbeere, Hopfen, Kleinblütige Königskerze, Kriechender Günsel, Rot-Buche, Weinberg-Lauch, Wilde Sumpfkresse

Appetitlosigkeit: Arznei-Engelwurz, Gewöhnlicher Dost, Gewöhnliches Barbarakraut, Hopfen, Kalmus, Seltsamer Lauch

Arteriosklerose: Bär-Lauch

Arthritis: Gewöhnliche Nachtkerze, Kanadisches Berufkraut, Wald-Erdbeere

Arthrose: Große Brennnessel

Asthma: Gewöhnliche Nachtkerze, Kanadisches Berufkraut, Kompass-Lattich, Riesen-Goldrute

Atemwegserkrankungen: Acker-Vergissmeinnicht, Echte Kamille, Gewöhnliche Schafgarbe, Gewöhnlicher Vogelknöterich, Große Bibernelle, Kleine Braunelle, Knoblauchsrauke, Rot-Buche, Weg-Rauke

Augenleiden: Acker-Vergissmeinnicht, Breitblättrige Kresse, Spitz-Ahorn, Vogelmiere, Weg-Warte

Bauchschmerzen: Gänse-Fingerkraut

beruhigend: Echte Walnuss, Gelbe Resede, Hopfen, Kleinblütige Königskerze, Langzähnige Schwarznessel, Wiesen-Baldrian

Beulen: Acker-Vergissmeinnicht, Gelbe Resede

Bindegewebsschwäche: Acker-Schachtelhalm

Blähungen: Große Bibernelle, Strahlenlose Kamille, Weinberg-Lauch

Blasenentzündung: Gewöhnliches Hirtentäschel, Kanadisches Berufkraut, Preiselbeere

Blasenleiden: Große Bibernelle, Gundermann, Heidelbeere, Kletten-Labkraut, Rote Johannisbeere, Sal-Weide, Wilde Möhre

Blasenschwäche: Echtes Eisenkraut

Blutarmut: Große Brennnessel

blutbildend: Gewöhnlicher Löwenzahn

Blutergüsse: Gelbe Resede, Gewöhnlicher Beinwell, Gewöhnlicher Gilbweiderich, Weißer Steinklee

Blutgefäßerkrankungen: Japanischer Staudenknöterich

Bluthochdruck: Eingriffeliger Weißdorn, Gewöhnliche Nachtkerze, Kanadisches Berufkraut, Kleine Braunelle, Seltsamer Lauch

blutreinigend: Behaartes Franzosenkraut, Garten-Kerbel, Gewöhnliche Nachtkerze, Große Klette, Kahles Bruchkraut, Kletten-Labkraut, Kohl-Lauch, Knoblauchsrauke, Spitz-Wegerich, Wald-Erdbeere

Blutstillung: Acker-Schachtelhalm, Blut-Weiderich, Gefleckte Taubnessel, Gewöhnliche Schafgarbe, Gewöhnliches Hirtentäschel, Kanadisches Berufkraut, Kletten-Labkraut

Borreliose: Wilde Karde

Bronchitis: Gewöhnlicher Löwenzahn, Gewöhnliches Schilf, Huflattich

Brustdrüsenentzündung: Gewöhnlicher Beinwell

Cellulitis: Kanadisches Berufkraut

cholesterinsenkend: Echte Walnuss, Gewöhnliche Nachtkerze, Seltsamer Lauch

Darm- und Magenbeschwerden: Echte Kamille, Echte Walnuss, Gewöhnliche Nachtkerze, Große Brennnessel, Gundermann, Pastinak, Purpurrote Taubnessel, Rainkohl, Schmalblättriges Weidenröschen, Schöllkraut, Seltsamer Lauch, Weg-Malve, Weiße Taubnessel, Wiesen-Labkraut

Diphtherie: Kleine Braunelle, Scharfer Mauerpfeffer

Drüsen, verhärtete: Dreifinger-Steinbrech

Durchblutung: Pfeilkresse, Waldmeister

Durchfall: Armenische Brombeere, Blut-Weiderich, Frühlings-Fingerkraut, Gänse-Fingerkraut, Heidelbeere, Kanadisches Berufkraut,

Strahlenlose Kamille, Wald-Erdbeere, Wasserdost, Zurückgebogener Amarant

Ekzeme: Blut-Weiderich, Weißer Gänsefuß
entwässernd: Garten-Kerbel, Gewöhnliches Barbarakraut
entzündungshemmend: Drüsiges Springkraut, Echte Kamille, Echte Nelkenwurz, Echtes Mädesüß, Kanadisches Berufkraut, Kleinblütige Königskerze, Kohl-Lauch, Kriechender Günsel, Loesels Rauke, Purpurrote Taubnessel, Scharfer Mauerpfeffer, Schwarze Johannisbeere, Spitz-Ahorn, Weiße Taubnessel, Weißer Gänsefuß
Erkältung: Acker-Vergissmeinnicht, Echtes Eisenkraut, Echtes Mädesüß, Gänseblümchen, Gewöhnlicher Dost, Giersch, Hunds-Rose, Kleinblütige Königskerze, Kratzbeere, Kubaspinat, Küsten-Sanddorn, Mauerlattich, Purpurrote Taubnessel, Schwarze Johannisbeere, Schwarzer Holunder, Wasserdost, Weiße Taubnessel, Wilde Malve, Wilde Sumpfkresse
Erschöpfung: Kletten-Labkraut, Küsten-Sanddorn

Fieber: Echte Nelkenwurz, Echte Traubenkirsche, Echtes Eisenkraut, Gewöhnlicher Gilbweiderich, Gewöhnliches Schilf, Pfeilkresse, Rot-Buche, Rote Johannisbeere, Sal-Weide, Scharfe Gänsedistel, Schlehe, Schwarzer Holunder, Schwarzer Senf, Spitz-Ahorn, Wald-Erdbeere
Frostbeulen: Acker-Schachtelhalm
Frühjahrsmüdigkeit: Gewöhnliche Brunnenkresse, Gewöhnlicher Löwenzahn

Gallenprobleme: Große Brennnessel, Kletten-Labkraut, Kriechender Günsel, Schöllkraut, Wald-Erdbeere, Weg-Warte, Wiesen-Salbei
Geburtsbeschleunigung: Gewöhnlicher Dost, Gewöhnliches Hirtentäschel
Geburtskomplikationen: Gewöhnlicher Beifuß
Gelbsucht: Dreifinger-Steinbrech, Spieß-Melde
Gelenkschmerzen: Gewöhnlicher Löwenzahn, Wilde Karde

Gerstenkörner: Acker-Vergissmeinnicht

Geschwüre: Färber-Waid, Vogelmiere, Weg-Malve

Gicht: Echte Kamille, Echte Nelkenwurz, Echte Walnuss, Giersch, Große Bibernelle, Kanadisches Berufkraut, Langzähnige Schwarznessel, Preiselbeere, Sal-Weide, Spitz-Ahorn, Wald-Erdbeere

Haarausfall: Weinberg-Lauch

Hämorrhoiden: Echte Nelkenwurz, Garten-Kerbel, Scharbockskraut, Scharfe Gänsedistel, Vogelmiere

Hals- und Rachenraum (Entzündungen): Behaartes Schaumkraut, Gewöhnliche Brunnenkresse, Großer Wegerich, Kleine Braunelle, Kriechender Günsel, Riesen-Goldrute, Spitz-Wegerich, Wald-Erdbeere, Weg-Rauke

Harnleiden: Gewöhnlicher Beifuß, Heidelbeere, Weg-Warte, Wilde Sumpfkresse

harntreibend: Acker-Schachtelhalm, Blut-Weiderich, Gehörnter Sauerklee, Gemüse-Portulak, Gewöhnlicher Löwenzahn, Gewöhnlicher Natternkopf, Gewöhnliches Schilf, Große Klette, Großer Sauerampfer, Kahles Bruchkraut, Kanadisches Berufkraut, Kleinblütige Königskerze, Kletten-Labkraut, Knoblauchsrauke, Schwarze Johannisbeere, Schwarzer Holunder, Sumpf-Ziest, Wald-Erdbeere

Harnwegsinfektionen: Gänse-Fingerkraut, Große Brennnessel, Preiselbeere, Riesen-Goldrute

Hautleiden: Acker-Hellerkraut, Echte Walnuss, Gehörnter Sauerklee, Gemüse-Portulak, Gewöhnliche Nachtkerze, Gewöhnlicher Dost, Großer Sauerampfer, Japanischer Staudenknöterich, Kleine Braunelle, Purpurrote Taubnessel, Rainkohl, Rot-Klee, Sal-Weide, Scharfe Gänsedistel, Spitz-Wegerich, Wald-Erdbeere, Weiße Taubnessel, Weißer Gänsefuß, Wiesen-Salbei, Wilde Karde

Hautunreinheiten: Echtes Eisenkraut, Gänseblümchen, Gewöhnlicher Vogelknöterich, Hunds-Rose, Kanadisches Berufkraut, Scharbockskraut, Weg-Warte

Heiserkeit: Weg-Malve, Weg-Rauke

Herz: Breitblättrige Kresse, Eingriffeliger Weißdorn, Wald-Erdbeere
Hexenschuss: Drüsiges Springkraut
Hitzewallungen, Hormonschwankungen: Rot-Klee
Husten: Gänseblümchen, Gewöhnlicher Gilbweiderich, Gewöhnlicher
   Natternkopf, Gewöhnliches Schilf, Großer Wegerich, Huflattich,
   Kanadisches Berufkraut, Kleinblütige Königskerze, Kompass-
   Lattich, Mauerlattich, Schwarzer Senf, Vogelmiere, Weg-Malve,
   Wiesen-Schaumkraut

Immunsystem: Gewöhnlicher Feldsalat, Großer Sauerampfer,
   Himbeere, Kratzbeere, Küsten-Sanddorn
Impotenz: Große Brennnessel
Insektenstiche: Acker-Hellerkraut, Hunds-Rose, Knoblauchsrauke,
   Kriechender Günsel, Spitz-Ahorn, Spitz-Wegerich, Waldmeister,
   Weißer Gänsefuß, Wiesen-Salbei

Juckreiz: Vogelmiere

Keuchhusten: Gewöhnliche Nachtkerze, Riesen-Goldrute
Knochenbrüche: Gewöhnlicher Beinwell, Kahles Bruchkraut
Kopfschmerzen: Gewöhnlicher Löwenzahn, Gewöhnliches
   Hirtentäschel, Sal-Weide, Zurückgebogener Amarant
Krampfadern: Echte Nelkenwurz, Rot-Buche
krampflösend: Echte Kamille, Gänseblümchen, Gänse-Fingerkraut,
   Gewöhnliche Nachtkerze, Gewöhnliche Schafgarbe, Gewöhnlicher
   Hornklee, Kompass-Lattich, Schöllkraut, Strahlenlose Kamille,
   Sumpf-Ziest, Waldmeister, Wiesen-Baldrian, Wiesen-Schaumkraut
Kreislaufbeschwerden: Heidelbeere, Rot-Buche
Kurzatmigkeit: Kohl-Gänsedistel, Scharfe Gänsedistel

Lebensmittelvergiftung: Gewöhnliches Schilf
Leberleiden: Gewöhnliche Nachtkerze, Kletten-Labkraut, Scharfe
   Gänsedistel, Waldmeister, Wermut, Wiesen-Salbei
Lungenleiden: Vogelmiere, Wilde Karde, Wilde Malve

Magen: Breitblättrige Kresse, Echte Kamille, Gemüse-Portulak, Gewöhnliche Nachtkerze, Hopfen, Kriechender Günsel, Pastinak, Pfeilkresse, Seltsamer Lauch, Waldmeister, Weg-Warte, Wilde Malve

Malaria: Gewöhnlicher Beifuß

Mandelentzündung: Hunds-Rose, Weg-Malve

Menstruationsbeschwerden: Acker-Hellerkraut, Acker-Schachtelhalm, Echte Kamille, Gänseblümchen, Gänse-Fingerkraut, Gewöhnliche Schafgarbe, Zurückgebogener Amarant

Milchbildung: Kohl-Gänsedistel, Strahlenlose Kamille

Milzleiden: Färber-Waid, Weg-Warte

Mund- und Rachenraumentzündungen: Armenische Brombeere, Gefleckte Taubnessel, Gemüse-Portulak, Gewöhnliche Schafgarbe, Gewöhnlicher Vogelknöterich, Himbeere, Sal-Weide, Wald-Erdbeere, Wiesen-Salbei, Wilde Malve

Mundfäule: Echtes Eisenkraut

Muskel- und Gelenkbeschwerden: Gewöhnlicher Beinwell, Schwarzer Senf

Nachtschweiß: Acker-Vergissmeinnicht

Narben: Drüsiges Springkraut

Nasenbluten: Acker-Schachtelhalm

Nervosität: Gelbe Resede, Gewöhnlicher Gilbweiderich, Gewöhnlicher Hornklee, Langzähnige Schwarznessel, Rot-Klee

Nierenleiden: Acker-Hellerkraut, Kletten-Labkraut, Kubaspinat, Riesen-Goldrute, Rote Johannisbeere, Sal-Weide, Wald-Erdbeere, Wermut

Ohrenschmerzen: Kletten-Labkraut, Sal-Weide

Pilzerkrankungen: Japanischer Staudenknöterich

Prämenstruelles Syndrom: Himbeere

Prellungen: Gewöhnlicher Beinwell, Weißer Steinklee

Prostatabeschwerden: Rainfarn

Quetschungen: Gelbe Resede, Gewöhnlicher Gilbweiderich, Kriechender Günsel

Rheuma: Acker-Schachtelhalm, Behaartes Schaumkraut, Echte Kamille, Echte Nelkenwurz, Echte Traubenkirsche, Giersch, Kanadisches Berufkraut, Kriechender Günsel, Preiselbeere, Sal-Weide, Schwarzer Senf, Wiesen-Schaumkraut

Schlaflosigkeit: Echte Kamille, Gelbe Resede, Gewöhnlicher Gilbweiderich, Gewöhnlicher Hornklee, Hopfen, Kleinblütige Königskerze, Rot-Klee, Waldmeister, Wiesen-Baldrian, Zurückgebogener Amarant

Schlangenbisse: Echtes Eisenkraut, Gewöhnlicher Natternkopf, Kletten-Labkraut

schmerzlindernd: Echte Nelkenwurz, Echtes Mädesüß, Gänseblümchen, Gelbe Resede, Gewöhnliches Schilf, Scharfer Mauerpfeffer, Wiesen-Schaumkraut

Schnittverletzungen: Acker-Vergissmeinnicht, Gelbe Resede, Sal-Weide, Waldmeister

Schnupfen: Acker-Hellerkraut, Wasserdost

Schuppenflechte: Gewöhnlicher Dost

schweißtreibend: Echtes Mädesüß, Gewöhnlicher Natternkopf

Schwellungen: Kletten-Labkraut, Scharfer Mauerpfeffer

Schwindel: Bär-Lauch

Sodbrennen: Gehörnter Sauerklee, Kohl-Gänsedistel, Scharfe Gänsedistel

Sonnenbrand: Küsten-Sanddorn, Weißer Gänsefuß

Stoffwechsel: Gewöhnlicher Löwenzahn, Gundermann, Loesels Rauke, Pfeilkresse, Schlehe, Schwarzer Senf

Übelkeit: Gewöhnliches Schilf

Venenleiden: Gewöhnlicher Beinwell, Waldmeister, Weißer Steinklee

Verbrennungen: Vogelmiere

Verdauung: Behaartes Schaumkraut, Garten-Kerbel, Gewöhnliche Brunnenkresse, Gewöhnliche Schafgarbe, Gewöhnlicher Beifuß, Gewöhnlicher Dost, Gewöhnlicher Löwenzahn, Großer Sauerampfer, Großer Wegerich, Kalmus, Knoblauchsrauke, Pastinak, Pfeilkresse, Rot-Buche, Scharfe Gänsedistel, Schlehe, Schwarzer Senf, Seltsamer Lauch, Straußblütiger Sauerampfer, Weinberg-Lauch, Wermut, Wilde Karde

Vergiftungen: Wilde Karde

Verstopfung: Acker-Winde, Heidelbeere, Rainkohl, Wald-Erdbeere

Vitamin-C-Mangel: Behaartes Franzosenkraut, Dänisches Löffelkraut, Großer Sauerampfer, Küsten-Sanddorn, Scharbockskraut

Völlegefühl: Arznei-Engelwurz

Warzen: Sal-Weide, Schöllkraut

Weißfluss: Kanadisches Berufkraut

Wundheilung: Drüsiges Springkraut, Färber-Waid, Frühlings-Finger-kraut, Gänseblümchen, Gewöhnlicher Beinwell, Gewöhnlicher Natternkopf, Gewöhnlicher Vogelknöterich, Großer Wegerich, Gundermann, Kriechender Günsel, Küsten-Sanddorn, Rainkohl, Rot-Klee, Vogelmiere, Weg-Malve

Zahnfleischbluten: Sal-Weide

Zahnfleischentzündung: Acker-Hellerkraut, Gewöhnliche Brunnen-kresse, Riesen-Goldrute, Schlehe

Zahnprobleme: Gewöhnlicher Dost

Zerrungen: Gewöhnlicher Beinwell

Küche

auf Apfelkuchen: Echte Nelkenwurz

zu Aufläufen: Acker-Schachtelhalm, Behaartes Schaumkraut, Drüsiges Springkraut, Giersch, Weiße Taubnessel, Wiesen-Schaumkraut

zu Avocado-Salat: Behaartes Franzosenkraut

Bierwürze: Echte Nelkenwurz, Hopfen, Rainfarn

Bowle: Echte Kamille, Waldmeister, Weißer Steinklee

zu Branntwein: Echte Nelkenwurz

Bratlinge: Färber-Waid, Zurückgebogener Amarant

Brei: Große Klette, Weg-Malve

zu Broccoli: Gewöhnliches Barbarakraut

aufs Brot: Bär-Lauch, Behaartes Schaumkraut, Echte Walnuss, Gänseblümchen, Gehörnter Sauerklee, Gewöhnliche Brunnenkresse, Gewöhnlicher Löwenzahn, Großer Wegerich, Knoblauchsrauke, Rainkohl, Schwarzer Senf, Vogelmiere, Weg-Rauke, Weinberg-Lauch, Weißer Gänsefuß, Wiesen-Kerbel

als Brotaufstrich: Drüsiges Springkraut, Orientalisches Zackenschötchen

Buletten: Gewöhnliche Brunnenkresse, Echtes Mädesüß, Giersch, Gundermann, Herbst-Löwenzahn, Mauerlattich

in Currygerichten: Kalmus, Kanadisches Berufkraut

als Dekoration: Acker-Vergissmeinnicht, Drüsiges Springkraut, Gewöhnliche Schafgarbe, Gewöhnlicher Hornklee, Himbeere, Kletten-Labkraut, Kriechender Günsel, Mauerlattich, Purpurrote Taubnessel, Rot-Klee, Schmalblättriges Weidenröschen, Weiße Taubnessel, Wilde Malve

in Dressing: Armenische Brombeere, Gewöhnliche Schafgarbe, Gundermann, Hunds-Rose

zu Eiern: Acker-Hellerkraut, Gemüse-Portulak, Großer Sauerampfer

zu Eierspeisen: Echte Kamille, Garten-Kerbel, Gewöhnlicher Beifuß, Gewöhnlicher Löwenzahn, Gundermann, Hopfen

in Eintöpfen: Drüsiges Springkraut, Echtes Eisenkraut, Gewöhnliche Sumpfkresse, Gewöhnlicher Dost, Gewöhnlicher Hornklee, Gewöhnliches Barbarakraut, Hunds-Rose, Kriechender Günsel, Langzähnige Schwarznessel, Mauerlattich, Pfeilkresse, Weg-Rauke, Weißer Steinklee, Zurückgebogener Amarant

in Essig eingelegt: Europäischer Queller, Gewöhnliches Schilf, Großer
Wegerich, Spitz-Wegerich

zu Fisch: Echtes Mädesüß, Garten-Kerbel, Gewöhnlicher Beifuß,
Gewöhnliches Barbarakraut, Großer Sauerampfer, Pfeilkresse,
Purpurrote Taubnessel, Wilde Malve, Wilde Sumpfkresse

zu Fleisch: Bär-Lauch, Echte Kamille, Gewöhnlicher Beifuß,
Gewöhnlicher Dost, Große Bibernelle, Pfeilkresse, Rot-Klee,
Wermut, Wiesen-Salbei, Wilde Malve, Wilde Sumpfkresse

Frischkäse: Gewöhnliche Schafgarbe, Loesels Rauke, Schmalblättriger
Doppelsame, Wiesen-Schaumkraut, Wilde Sumpfkresse

Frühlingsrollen: Felsen-Mauerpfeffer

zu Gänsebraten: Gewöhnlicher Beifuß, Rainfarn, Wermut, Wilde
Sumpfkresse, Wiesen-Salbei

zu Geflügel: Garten-Kerbel, Gemüse-Portulak, Großer Sauerampfer,
Pfeilkresse, Waldmeister, Wiesen-Salbei, Wilde Sumpfkresse

als Gemüse: Acker-Schachtelhalm, Acker-Schmalwand, Gewöhnliche
Nachtkerze, Gewöhnlicher Beinwell, Gewöhnlicher Vogelknöterich,
Gewöhnliches Schilf, Giersch, Große Klette, Kompass-Lattich, Pasti-
nak, Scharbockskraut, Sumpf-Ziest, Weg-Malve, Wilde Möhre

Gemüsefüllung: Gewöhnliche Sumpfkresse, Kratzbeere

Gemüsegerichte: Drüsiges Springkraut, Gelbe Resede, Gewöhnli-
cher Hornklee, Gewöhnlicher Vogelknöterich, Großer Wegerich,
Herbst-Löwenzahn, Huflattich, Kriechender Günsel, Rainkohl,
Rot-Klee, Scharfe Gänsedistel, Schmalblättriges Weidenröschen,
Wiesen-Labkraut, Wiesen-Pippau, Wiesen-Schaumkraut,
Zurückgebogener Amarant

zu Gemüsetorte: Armenische Brombeere

wie Getreide: Zurückgebogener Amarant

wie Gewürznelke: Echte Nelkenwurz

zu Gnocchi: Große Brennnessel, Wiesen-Salbei

wie Ingwer: Kalmus

Kaffeeersatz: Eingriffeliger Weißdorn, Gewöhnliches Schilf, Herbst-Löwenzahn, Hunds-Rose, Kletten-Labkraut, Bucheckern, Weg-Warte

zu Kalb: Garten-Kerbel

wie Kapern: Echte Kamille, Herbst-Löwenzahn, Mauerlattich, Scharbockskraut

zu Kartoffeln: Acker-Hellerkraut, Europäischer Queller, Gewöhnlicher Beifuß, Gewöhnlicher Löwenzahn, Gewöhnlicher Vogelknöterich, Gundermann, Kanadisches Berufkraut, Kriechender Günsel, Loesels Rauke, Weg-Rauke

zu Käse: Gewöhnlicher Löwenzahn, Herbst-Löwenzahn, Loesels Rauke, Schmalblättriger Doppelsame, Weißer Gänsefuß, Wiesen-Salbei, Wilde Sumpfkresse

zum Keksebacken: Drüsiges Springkraut, Wiesen-Platterbse, Zurückgebogener Amarant

Knödel: Bär-Lauch

Kompott: Eingriffeliger Weißdorn, Hunds-Rose, Preiselbeere, Schwarze Johannisbeere, Schwarzer Holunder, Schwarzer Nachtschatten

zu Krabben: Europäischer Queller

Kuchen: Armenische Brombeere, Echte Walnuss, Heidelbeere, Himbeere, Küsten-Sanddorn, Rote Johannisbeere

zu Lamm: Arznei-Engelwurz, Hunds-Rose

Likör: Echte Walnuss, Gewöhnliche Schafgarbe, Kratzbeere, Küsten-Sanddorn, Rainfarn, Waldmeister, Weißer Steinklee

Limonade: Echte Kamille, Echte Nelkenwurz, Echtes Mädesüß, Gewöhnliche Schafgarbe, Giersch, Hunds-Rose, Weißer Steinklee

wie Mangold: Arznei-Engelwurz

Marmelade: Armenische Brombeere, Echte Traubenkirsche, Eingriffeliger Weißdorn, Heidelbeere, Himbeere, Hunds-Rose, Kratzbeere, Küsten-Sanddorn, Schwarze Johannisbeere, Schwarzer Holunder, Schwarzer Nachtschatten, Weißer Steinklee

wie Meerrettich: Knoblauchsrauke

Mehlzusatz: Eingriffeliger Weißdorn

Mus: Echte Traubenkirsche, Echte Walnuss, Kratzbeere, Schlehe
Müsli: Echte Walnuss, Heidelbeere, Himbeere, Küsten-Sanddorn,
 Kupfer-Felsenbirne, Rote Johannisbeere

Nudelauflauf: Echte Traubenkirsche, Loesels Rauke, Riesen-
 Goldrute
zu Nudeln: Bär-Lauch, Behaartes Franzosenkraut, Behaartes Schaumkraut, Echte Kamille, Echte Walnuss, Kohl-Lauch, Kriechender
 Günsel, Wiesen-Salbei
wie Nüsse: Bucheckern

Omelett: Garten-Kerbel, Kriechender Günsel, Schmalblättriger
 Doppelsame

Pesto: Bär-Lauch, Behaartes Franzosenkraut, Große Klette, Kubaspinat,
 Wiesen-Schaumkraut
als Pfefferersatz: Bär-Lauch, Breitblättrige Kresse, Felsen-Mauerpfeffer,
 Gewöhnliches Hirtentäschel, Pfeilkresse, Wiesen-Schaumkraut
auf Pizza: Gewöhnlicher Dost, Loesels Rauke, Schmalblättriger Doppelsame, Vogelmiere
Pudding: Armenische Brombeere, Kratzbeere

Quark: Behaartes Schaumkraut, Garten-Kerbel, Gewöhnliche Brunnen-
 kresse, Gewöhnliche Sumpfkresse, Kohl-Lauch, Knoblauchsrauke,
 Loesels Rauke, Mauerlattich, Rot-Buche, Schwarzer Senf, Wiesen-
 Baldrian, Wilde Sumpfkresse
in Quarkspeisen: Gänseblümchen, Heidelbeere, Herbst-Löwenzahn,
 Orientalisches Zackenschötchen, Rot-Buche, Wald-Erdbeere

wie Rhabarber: Japanischer Staudenknöterich
zu Rindercarpaccio: Breitblättrige Kresse
Risotto: Große Brennnessel
Rohkostbeilage: Europäischer Queller
wie Rosinen: Kupfer-Felsenbirne

mit Rotkohl: Echte Nelkenwurz

Rührei: Behaartes Schaumkraut, Großer Sauerampfer

Saft: Eingriffeliger Weißdorn, Himbeere, Küsten-Sanddorn, Schwarze Johannisbeere, Schwarzer Holunder, Schwarzer Nachtschatten

Salat: Acker-Schmalwand, Bär-Lauch, Echte Kamille, Echte Walnuss, Eingriffeliger Weißdorn, Gänseblümchen, Gänse-Fingerkraut, Gehörnter Sauerklee, Gelbe Resede, Gemüse-Portulak, Gewöhnliche Nachtkerze, Gewöhnlicher Feldsalat, Gewöhnlicher Löwenzahn, Gewöhnliches Barbarakraut, Gewöhnliches Hirtentäschel, Gewöhnliches Schilf, Giersch, Große Bibernelle, Große Klette, Großer Wegerich, Gundermann, Huflattich, Kalmus, Kleine Braunelle, Kletten-Labkraut, Kubaspinat, Pastinak, Purpurrote Taubnessel, Rainkohl, Rote Johannisbeere, Rot-Klee, Scharfe Gänsedistel, Schmalblättriges Weidenröschen, Schwarze Johannisbeere, Schwarzer Senf, Spieß-Melde, Spitz-Ahorn, Straußblütiger Sauerampfer, Sumpf-Ziest, Vogelmiere, Wald-Erdbeere, Weg-Malve, Weinberg-Lauch, Weiße Taubnessel, Weißer Gänsefuß, Wiesen-Baldrian, Wiesen-Labkraut, Wiesen-Pippau, Wilde Malve, Wilde Möhre, Zurückgebogener Amarant

wie Sauerkraut: Großer Wegerich

Schnaps: Armenische Brombeere, Echte Walnuss, Heidelbeere, Echte Walnuss, Schlehe, Waldmeister, Wermut

Sirup: Armenische Brombeere, Schwarzer Holunder, Spitz-Ahorn

zu Schafskäse: Gewöhnlicher Dost

als Senf: Knoblauchsrauke, Weg-Rauke, Wilde Sumpfkresse

als Smoothie: Gewöhnlicher Natternkopf, Große Brennnessel, Scharfe Gänsedistel, Wiesen-Labkraut

zu Soßen: Acker-Schmalwand, Echte Traubenkirsche, Gelbe Resede, Gewöhnliche Schafgarbe, Gewöhnlicher Löwenzahn, Großer Sauerampfer, Kohl-Lauch, Kriechender Günsel, Spieß-Melde, Weg-Malve, Wiesen-Baldrian, Wiesen-Salbei

wie Spargel: Große Klette, Hopfen, Huflattich, Rainkohl, Schmalblättriges Weidenröschen

zu Spargel: Gewöhnliche Sumpfkresse

Literatur

Düll, Ruprecht / Kutzelnigg, Herfried: *Taschenlexikon der Pflanzen Deutschlands.* Wiebelsheim 2005

Engel, Hartmut / Kürschner, Iris: *Essbare Wildpflanzen.* Welver 2012

Feder, Jürgen: *Feders fabelhafte Pflanzenwelt.* Reinbek 2014

Feder, Jürgen: *Feders fantastische Stadtpflanzen.* Reinbek 2016

Fleischhauer, Steffen / Guthmann, Guido / Spiegelberger, Jürgen und Roland: *Essbare Wildpflanzen.* Baden und München 2015

Haeupler, Henning / Schönfelder, Peter: *Atlas der Farn- und Blütenpflanzen der Bundesrepublik Deutschland.* Stuttgart 1989

Jäger, Eckehart J.: *Exkursionsflora von Deutschland.* Jena 2011

Sommer, Regina: *Bäume – das Haarkleid der Erde.* Extertal 2010

Storl, Wolf-Dieter: *Wandernde Pflanzen.* Aarau 2012

Wiesenauer, Markus / Kirschner-Brouns, Suzann: *Das große Homöopathie Handbuch.* München 2007

Das für dieses Buch verwendete Papier ist FSC®-zertifiziert.